わかる生物学

知っておきたいヒトのからだの基礎知識

小野廣紀・内藤通孝 著

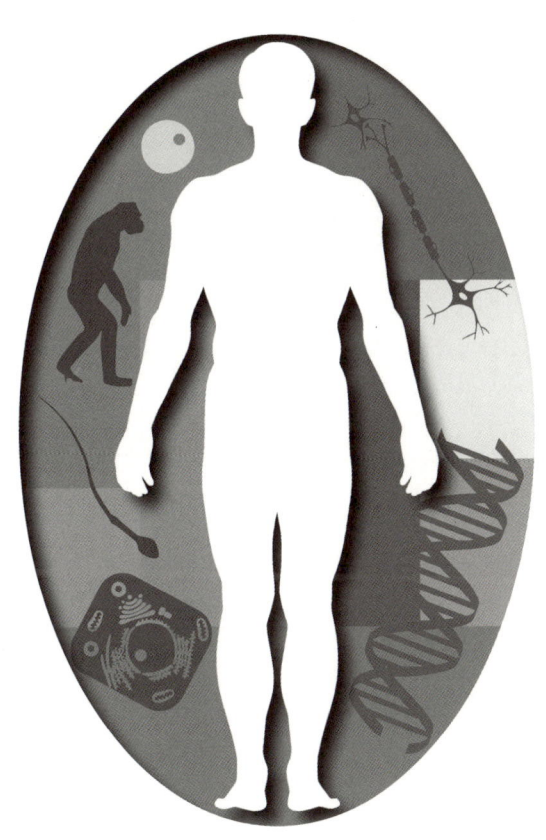

化学同人

はじめに

　本書は，既刊『わかる化学：知っておきたい食とくらしの基礎知識』の姉妹本です．『わかる化学』は刊行後，多くの大学や専門学校で化学の基礎づくりに役立つ教科書として採用されています．『わかる生物学』はこの本と同じ趣旨で，「ヒトの生物学」の基礎づくりに適した教科書として刊行しました．

　私たちは，ほぼ毎日，動物や植物などの生物にまつわるニュースを耳にしているといってよいでしょう．コレステロール，生活習慣病，DNA，遺伝子，遺伝子組換え，生活習慣病など，例をあげると枚挙にいとまがありません．しかし耳にしてはいますが，これらについてきちんと理解するためには，しっかりとした生物学の基礎知識が必要です．

　近年，医学・薬学系の学生の半数以上が，高校で生物を学んでいないことがしばしば話題に上り，同じことが他の理系の学部でもいわれています．理系学部の学生にとって，生物学を通して生物とその生命現象について理解し，多様にみえる生命現象を共通した原理やしくみで説明できることを学んでおくことは非常に重要です．

　そこで，このたび高校で生物を学ばなかった学生が理解できるように，① 生物学の基礎を効率よく，短期間で身につけることができる，② 専門科目（栄養学，生化学，解剖生理学など）を学ぶために役立つ橋渡し的な内容である，というこの二つのコンセプトを満たした教科書を企画しました．

　本書は，ヒトのからだの理解に焦点を絞り，ヒトの細胞，生殖と発生および遺伝，遺伝子，また人体の成り立ちについて述べています．各章末には問題を設けていますので，理解度を確認することができますし，興味を誘うさまざまなコラムを設けていますので，生物学のおもしろさを味わうことができるでしょう．

　本書の対象としては，とくに栄養士・管理栄養士など，将来，食と栄養分野に携わる学生を考えていますが，もちろん生命科学系（医学，歯学，薬学，医療技術，看護など）の大学で，ヒトのからだのしくみを学ぶ基礎科目の教科書としても十分役立つものと思います．

　本書が多くの方々に活用され，将来，専門分野を学ぶときの礎となることを切に願うものです．

最後に，本書を刊行するにあたり，企画の当初から労をいとわず，ご支援くださいました化学同人の平林　央氏と山本富士子氏に心から感謝申し上げます．

2006年7月

小野　廣紀・内藤　通孝

目　次

第1章　生物とはいったい何だろう ………………………… 1
1　生きとし生けるもの　1
2　細胞の特性　3
3　個体の生死　3
4　ヒトが生きてゆくための条件　4

第2章　細胞から，からだができる ………………………… 5
1　**細胞の構造と機能**　5
　細胞膜　5
　細胞質と細胞内小器官　7
　　（1）核　7　　　　　　　　　（6）リソソーム　10
　　（2）ミトコンドリア　8　　　（7）ペルオキシソーム　10
　　（3）リボソーム　9　　　　　（8）中心体　10
　　（4）小胞体　9　　　　　　　（9）細胞骨格　10
　　（5）ゴルジ体　9
2　**組織**　11
　上皮組織　11
　　（1）形態による上皮組織の分類　12　（2）機能による分類　13
　支持組織　13
　　（1）結合組織　13　　　　　　（3）骨組織　14
　　（2）軟骨組織　14　　　　　　（4）血液，リンパ　14
　筋組織　15
　神経組織　15
3　**器官，器官系**　16
4　**細胞の分裂と増殖**　16
　体細胞分裂　17
　減数分裂　19
　　（1）第一分裂　19　　　　　　（2）第二分裂　19
5　**配偶子形成と受精**　20
　卵の形成　20
　精子の形成　21
　　コラム　私たちはみな，たった一人の女性ミトコンドリア・イヴの子孫なのか？　21
　章末問題　22

第3章 食べ物からエネルギーをつくる　23
　1　エネルギーをつくりだす分子 ATP　23
　2　食べ物からエネルギーをつくるしくみ　24
　　解糖系のしくみ　25
　　クエン酸回路のしくみ　27
　　電子伝達系のしくみ　29
　3　脂肪酸からのエネルギー供給　31
　　遊離脂肪酸を使って補う　31
　　β酸化のしくみ　31
　　コラム　短距離走と長距離走　30
　　章末問題　32

第4章 食べ物から，からだをつくる　33
　1　からだは食べ物からどのようにしてできるか　34
　　タンパク質をつくる：合成のしくみ　34
　　脂質をつくる　35
　　　（1）脂質はどのように消化・吸収されるか　37
　　　（2）肥満はどのようにして起こるか　37
　2　生きてゆくための水　39
　　体内での水の分布　39
　　水のおもな役割　39
　　水の収支バランス　40
　　水が欠乏するとどうなる？　40
　　コラム　不思議で，怖いタンパク質：プリオンとBSE　36
　　章末問題　42

第5章 人体の構造を探る　43
　1　人体のつくり　43
　　人体の組織と働き　43
　　器官の特徴と働き　43
　　器官系の特徴と働き　44
　2　血液の働き　44
　　血球の分化　46
　　血球成分　46
　　　（1）赤血球　46
　　　（2）白血球　47
　　　（3）血小板　48
　　血漿の働き　48

　　　　　　血液検査　　　50
　　　　コラム　無理なダイエットをしていませんか？　50
　　　　　　　　血液型と科学捜査：ABO 式血液型　51
　　章末問題　　52

第 6 章　からだの調節のしくみ …………………………………………… 53
　1　**神経系による調節**　　53
　2　**内分泌系による調節**　　56
　　　　ホルモンの作用機序　　56
　　　　　　（1）水溶性ホルモンの場合　56　　　　（3）血糖調節のしくみ　58
　　　　　　（2）脂溶性ホルモンの場合　56
　3　**免疫とは**　　60
　　　　免疫の分類　　60
　　　　免疫のしくみ　　64
　　　　食物アレルギー　　64
　　　　コラム　増え続ける HIV 感染者と AIDS 患者　63
　　　　　　　　そう簡単にはいかない臓器移植：免疫の壁　67
　　章末問題　　67

第 7 章　子どもが親に似る遺伝のなぞ ……………………………………… 69
　1　**メンデルの遺伝の法則**　　69
　　　　優性の法則と分離の法則　　69
　　　　独立の法則　　71
　　　　不完全優性　　72
　　　　複対立遺伝子　　72
　　　　連鎖と組換え　　73
　　　　性染色体と伴性遺伝　　75
　2　**変異**　　76
　　　　環境変異と突然変異　　76
　　　　突然変異　　76
　　　　　　（1）染色体突然変異　76　　　　（2）遺伝子突然変異　78
　　　　コラム　Y 染色体は非行少年か？　77
　　章末問題　　78

第 8 章　遺伝子の本体 DNA ………………………………………………… 79
　1　**分子生物学への道程**　　79
　　　　グリフィスの実験　　79

アベリーの実験　　80
ハーシーとチェイスの実験　　80
2　**DNA二重らせんの発見**　　82
DNAの複製　　82
メセルソンとスタールの実験　　85
ビードルとテータムの実験　　86
遺伝情報のRNAへの転写　　87
タンパク質合成のしくみ　　89
3　**DNAと突然変異**　　91
4　**遺伝情報の調節**　　91
5　**分子生物学の今後**　　92
コラム　マンモスは復活するか？　　93
章末問題　　94

巻末資料
① 略語　　95
② 生物学史年表　　96
③ 血液検査の基準値　　98

章末問題解答　　101

索　引　　103

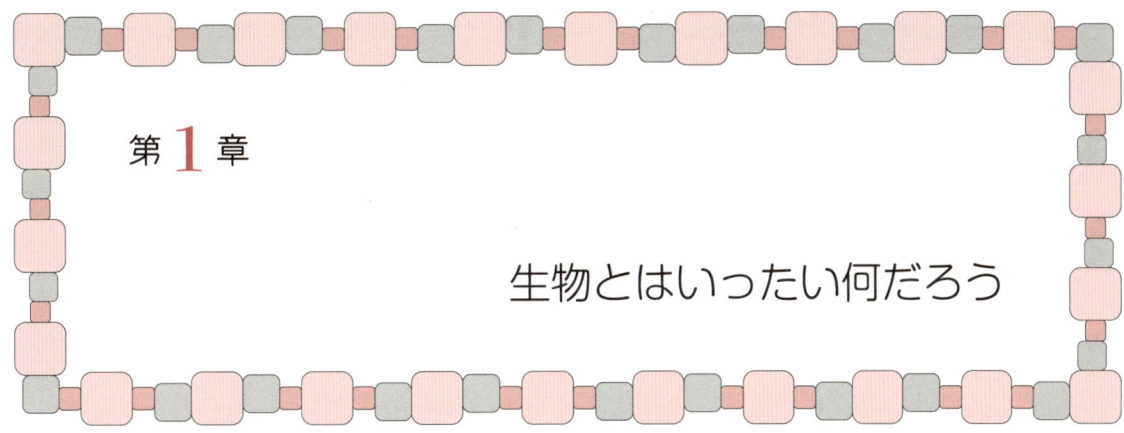

第1章

生物とはいったい何だろう

　現在，地球上には確認されたものだけでも，およそ200万種の生物がいる．生物，すなわち「生き物」とはいったい何だろう？　どのように定義したらよいのだろうか？

1　生きとし生けるもの

　古代ギリシャのヒポクラテスやアリストテレスの時代から，生物，すなわち，「生きとし生けるもの」には「いのち（霊魂，精気）」が宿っていると考えられてきた(生気論)．しかし17世紀の科学革命を経て自然科学が幕開けすると，その存在は否定され，生気論は受け入れられなくなった．それは，実験・理論といった科学的方法を用いて生物学の研究が行われるようになり，実証主義にもとづいて生命活動の営み(生命現象)が解明されるようになったからである．

　科学の発展には技術の進歩が不可欠だが，オランダのヤンセン父子(Hans & Zacharias Jansens)による顕微鏡の発明は生物学の発展に大きく寄与した(1590年，図1)．顕微鏡は，微生物の発見をはじめとして，1838年のマチアス・シュライデン(Matthias Schleiden，ドイツ)による植物細胞の発見(植物細胞説)や，1839年のテオドール・シュワン(Theodor

ヒポクラテス
(紀元前460年〜紀元前377年)
古代ギリシャの医師．医学を発展させた功績を称えられ，「医学の父」とよばれている．また，医師の倫理性を説いた「ヒポクラテスの誓い」は有名である．

アリストテレス
(紀元前384年〜紀元前322年)
古代ギリシャの哲学者．プラトンの弟子である．哲学以外にも自然科学に造詣が深く，博学がゆえに「万学の祖」とよばれている．

細胞の発見
1665年，イギリスのロバート・フックはコルク切片を観察したとき，細かく仕切られた小部屋(空間)を見つけ，これをセル(細胞)と名づけた(著書「ミクログラフィア」)．後に，これは細胞壁であることが判明した．

図1　ヤンセン父子が作製した顕微鏡の模型

生命に関する格言

・生命とは死に抵抗する力の総体である．マリー・フランソワ・ビシャー
・生命とは正常で特異的な構造の積極的維持である．ジョン・スコット・ホールデン
・生命とは制御である．トラペズニコフ
・生命とはタンパク質の存在様式である．フリードリヒ・エンゲルス
・生命ということばは意味をもたない．そんなものは実在しない．生命とは何かの問に対する決まった答はない．アルバート・セント・ジェルジ
・生命は定義するよりも研究するほうが易しい．ライナス・ポーリング

（吉田邦久，「図と表でみる生物（改訂版）」〈駿台受験シリーズ〉，駿台文庫（1980）より）．

Schwann, ドイツ）による動物細胞の発見（動物細胞説）に貢献することになった．

1858年，ドイツのルドルフ・フィルヒョー（Rudolf Virchow）は，両者の学説をまとめて「すべての生物体は細胞という基本単位から成り立ち，すべての細胞は細胞から生じる」という細胞説を提唱した．また1861年，フランスのルイ・パスツール（Louis Pasteur）による自然発生説（生物は自然に発生するという考え方）の否定は，「すべての生物は生物から生じる」という概念を生んだ（図2）．

現在，自然科学界において細胞説が認められる一方で，生命の定説はない．生命の定義づけが難しい理由として，そもそも生命はいつどのようにして地球上に誕生したのか，いまだに明確な答が得られていないこと，また地球上に現存するすべての生物が明らかになっていない以上，生物全般に共通する生命現象が把握できていないことなどがあげられる．

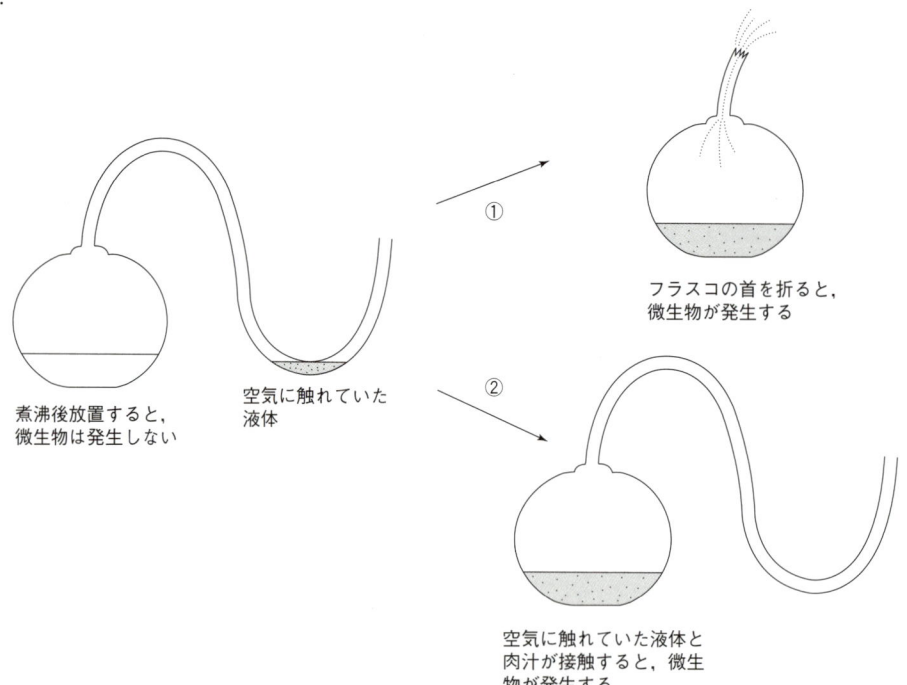

図2　パスツールが実験に用いたフラスコ
パスツールは，フラスコの首をS字型に伸ばした，通称「白鳥の首フラスコ」とよばれるフラスコを使って，次の実験を行った．フラスコ内に肉汁を入れて煮沸し，放置すると，微生物は発生しなかった．しかしフラスコの首を短く折り，空気を肉汁に接触させる（①）か，煮沸後，首の底にたまり空気に触れていた液体と肉汁とを接触させる（②）と，微生物はすぐに発生した．すなわち彼は，微生物は自然に発生するのではなく，空気中の微生物により生じることを証明したのである（自然発生説の否定）．

Keyword
1858年　細胞説の提唱：ルドルフ・フィルヒョー
1861年　自然発生説の否定：ルイ・パスツール

2　細胞の特性

フィルヒョーの細胞説によると，すべての生物は細胞からできている．すなわち，細胞が生物を構成する最小単位である．

細胞(cell)は，炭素，水素，酸素，窒素などの元素からなるが，細胞を構成する主成分は，水を除くと，糖質(炭水化物)，脂質，タンパク質，核酸である．これらの成分は常に分解と合成を受けて，活発に入れ替わっている(新陳代謝，第4章参照)．

また，細胞は分裂を繰り返して増殖するが，このとき親細胞の遺伝物質(核酸，すなわち遺伝子DNA)が複製され，新しい細胞(娘細胞)に受け継がれる．たとえば，ヒトのからだの組織では失われた細胞を補うために常に細胞分裂が繰り返されている．新旧の細胞が同じ機能を果たすのは，細胞が遺伝物質をもち，その情報にもとづいて同じ機能をもった細胞をつくりだすことができるからである(遺伝　heredity，第7章参照)．

これまでに述べた代謝，増殖，遺伝などが，細胞がもつ特性である．もし細胞の特性を生物の特性と捉えるならば，ひとまず，生物とは「細胞をもち，代謝を行い，自己増殖ができるもの」といい表すことができよう．生物の基本単位である細胞の構造や働きについては，次章で詳しく学ぶことになる．

3　個体の生死

生物には，たった一つの細胞で生活を営む単細胞生物もいれば，ヒトのように約60兆個もの細胞が集まって生活を営む多細胞生物もいる．個体の生死を論じる場合，「細胞死＝死」と考えるのは早計である．確かに，一つの細胞が一つの個体をなす単細胞生物の場合は「細胞死＝死」という概念はあてはまるが，多細胞生物の個体の場合はそうとは限らない．たとえば，私たちの頭皮の細胞は常に新しい細胞と入れ替わっているが，私たちの命に別状はない(ちなみにフケは，はがれ落ちた古い細胞である)．したがって重要なのは，多細胞生物の個体の生死はそれを構成する個々の細胞の生死とは区別して考えなければならないことである．

ウイルスとは生物か？
ウイルスはタンパク質の殻と核酸からなる微粒子で，細胞構造をもたず，代謝も行わないので，生物とは考えられていない．
しかし，他の生物(細胞)に寄生(感染)することで自己増殖することができる．感染したウイルスが宿主に悪影響をおよぼす場合，病原体とよばれる．

HeLa(ヒーラ)細胞
1951年，アメリカ，ボルチモアのジョンズ・ホプキンス大学医学病院で亡くなった黒人女性(31歳)の子宮頸がんに由来した細胞である．細胞名は患者の名前に由来している．世界で最初のヒト由来の培養細胞で，この細胞株は，今日に至るまで継承培養されて，世界のがん研究に貢献している．
正常の細胞から生じたがん細胞は際限なく分裂を繰り返して異常増殖し，周辺組織の機能を破壊し，個体を死に至らせる．

4　ヒトが生きてゆくための条件

約60兆個の細胞からなる多細胞生物であるヒトが生きてゆくためには，何が必要だろうか？　別のいい方をすれば，一つ一つのすべての細胞が生きてゆくためには何が必要だろうか？

毎日，私たちは呼吸をし，食事をとり，排泄している．ヒトは，絶えず呼吸によって酸素を，食事によって水と栄養素を外界から体内に取り入れなければならない(図3)．なぜだろう？　それは，生きてゆくためのエネルギーをつくるためである．酸素，水，栄養素のどの物質も，細胞がエネルギーを得るためには不可欠な物質である．そのため，これらの物質は全身の一つ一つの細胞に運搬されなければならない．その運搬の担い手が血液であり，循環ポンプが心臓である．もし心臓が停止すれば全身の血流が止まり，個々の細胞は死に，そしてヒトは死ぬ．

ヒトの生命を維持するうえで重要な物質である酸素，水，栄養素の働きや血液の役割については，後章で詳しく説明しよう．

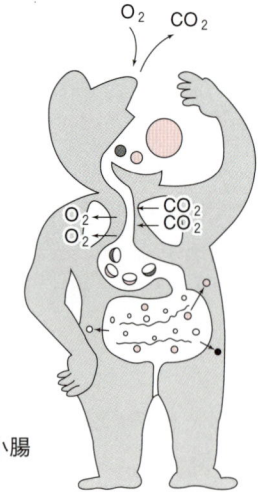

図3　肺によるガス交換，小腸からの栄養素の吸収

Keyword
ヒトが生きてゆくための条件：酸素，水，栄養素

第2章 細胞から，からだができる

細胞(cell)は生物の構造および機能上の単位であり，「単位」とは，それ以上分割できないことを意味している．細胞の構造を破壊してしまうと，「生きている」ことはできない．生物が生きている基本は細胞であり，遺伝子だけで「生きる」ことはできない．自己複製する遺伝物質と「構造」(おそらくは遺伝物質などの内部環境を外界から境する，現在の細胞膜に似た膜によって囲まれた構造)とが合体して，はじめて生命が誕生しえたと考えられる(遺伝子，DNA，RNAについては第7章，第8章を参照)．

自己複製する遺伝物質
自己複製子という．現在のDNAと同じであるとは限らない．その前にはRNAが遺伝物質であった時代があったと推定されている．さらにそれ以前の段階もあったかもしれない．

1 細胞の構造と機能

ヒトのような多細胞生物では，細胞が集まって組織(tissue)を構成し，組織が集まって器官(organ)を構成し，器官が集まって器官系(organ system)を構成し，器官系が集まって全体として統合された個体を構成している．

成人のからだは約60兆個の細胞からなっている．細胞の大きさはさまざまであるが，直径 $10 \sim 30\ \mu m$ 程度のものが多い．赤血球は $7 \sim 8\ \mu m$，卵は $140\ \mu m$ である．精子の頭部は $10\ \mu m$ だが，$50\ \mu m$ の鞭毛をもっている．神経細胞では，細胞体は $30 \sim 50\ \mu m$ であるが，その突起である軸索は，坐骨神経のように1m以上のものもある．細胞には周囲の環境と適切に物質交換することのできる表面積が必要である．細胞の体積が大きくなるにつれて相対的な表面積が低下することにより，その大きさは物理的に制限されている．

まず，細胞の構造と機能から見ていくことにしよう．

μm(マイクロメートル)
$1\mu m = 10^{-3}\ mm = 10^{-6}\ m$

細胞膜

細胞は**細胞膜**(cell membrane)とよばれる厚さ $5 \sim 10\ nm$ の膜によって囲まれている．その基本構造は，リン脂質2分子が親水性の極性基(頭

nm(ナノメートル)
$1\ nm = 10^{-3}\mu m = 10^{-9}\ m$

部)を外側に向け，疎水性の脂肪酸鎖(尾部)を内側に向け合い，二重層を形成している(図1)．細胞膜は，リン脂質のほかに，タンパク質(膜貫通タンパク質と辺縁タンパク質)，コレステロール，細胞膜外面の糖鎖を含んでいる．脂質やタンパク質分子は膜の水平方向には常に流動しているが，内側と外側の間の移動は特殊な場合以外には起こらない(**流動モザイクモデル**)．

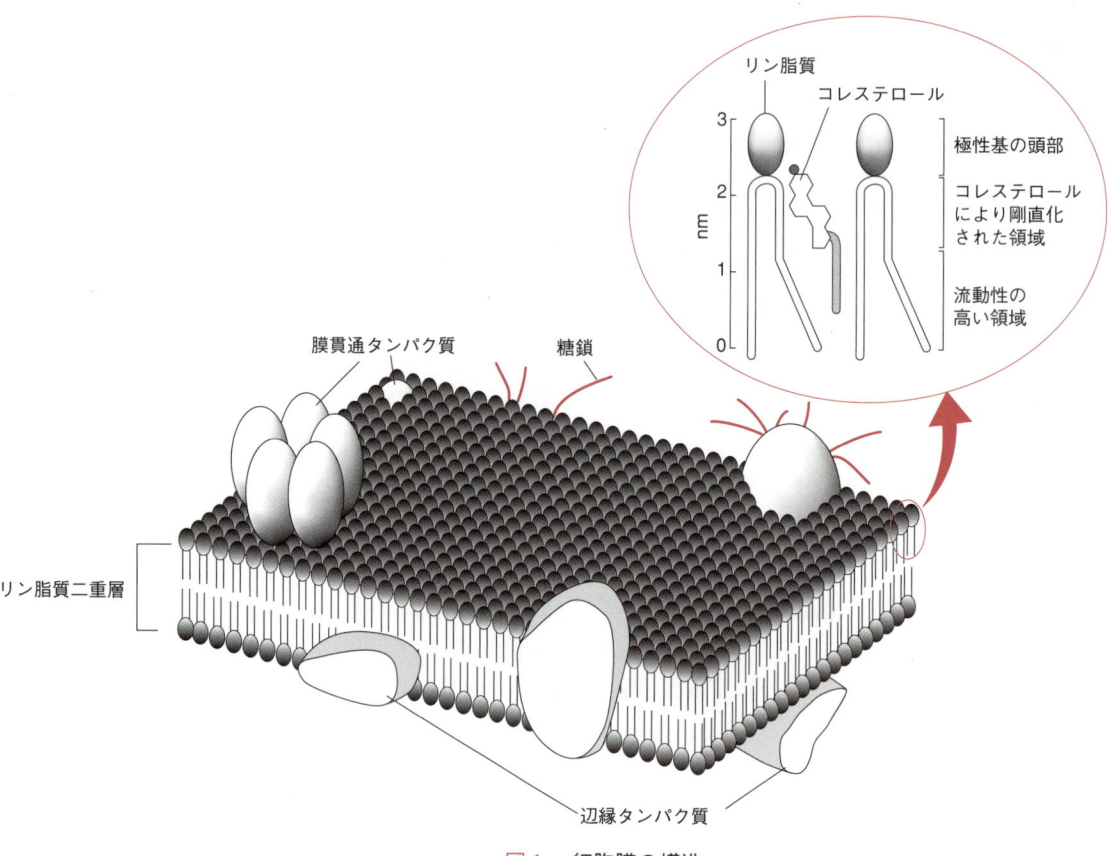

図1　細胞膜の構造

受動輸送と能動輸送
電気化学的勾配にしたがって物質が移動する場合を受動輸送といい，電気化学的勾配に逆らって物質を輸送する場合を能動輸送という．能動輸送にはエネルギーを必要とし，多くの場合，エネルギー源としてATPが用いられる．

　細胞膜はセロハン膜に似た半透膜の性質をもっており，細胞内外の物質の出入りを選択的に調節している(**選択的透過性**)．水，酸素，二酸化炭素などは細胞膜を通りやすいが，グルコース，アミノ酸やタンパク質などの大きな分子は細胞膜を通過できない．また，細胞膜は脂質によって構成されているために，アルコールのような脂溶性物質は比較的膜を通過しやすい．

　細胞膜を構成するタンパク質には，膜を内外に突き抜けている**膜貫通タンパク質**と，細胞膜の細胞質側に位置する**辺縁タンパク質**がある．膜貫通タンパク質は，物質移動に関与する担体やイオンチャネル，ある

いは細胞外からの信号（情報）を受け取る受容体として働く．辺縁タンパク質は，細胞内への情報伝達，細胞内線維成分と結合して細胞の運動，形態保持などにかかわる．また，細胞の外側に面する膜タンパク質の多くが糖鎖と結合しているのが細胞膜の特徴である．血液などの細胞外液には種々のタンパク質分解酵素が含まれており，糖鎖が結合することでタンパク質が分解されるのを防いでいる．また，糖鎖は細胞の標識として使われ，細胞相互の認識，接着などに重要な役割をもっている．細胞膜の流動性は細胞の変形能を規定している．流動性は温度の上昇によって亢進し，コレステロール含量の増加によって低下する．コレステロールは細胞膜の内側に多く，リン脂質の脂肪酸残基に存在する炭素二重結合の折れ曲がりによってできる膜のすき間を埋めている．

　細胞内の諸構造を囲む生体膜も細胞膜と同様の構造からなっており，単位膜とよばれる．細胞膜や小胞体，ゴルジ体，リソソームを囲む膜は一重の単位膜であるが，核，ミトコンドリア，葉緑体（植物の場合）は内膜と外膜の二重の単位膜で囲まれている．

細胞質と細胞内小器官

　細胞膜に包まれた細胞内には，核，ミトコンドリア，ゴルジ体，小胞体など，**細胞内小器官**（cell organelle）といわれる構造体がある（図2）．これらの間は**細胞質基質**（cytoplasmic matrix）とよばれる液状成分が満たしている．

細胞質基質
細胞質ゾル（cytosol）ともよばれる．

（1）核

　核は細胞全体の活動を制御する細胞の中枢である．通常，1個の細胞に1個の核が存在する．例外として，骨格筋細胞は多核（合胞体）であ

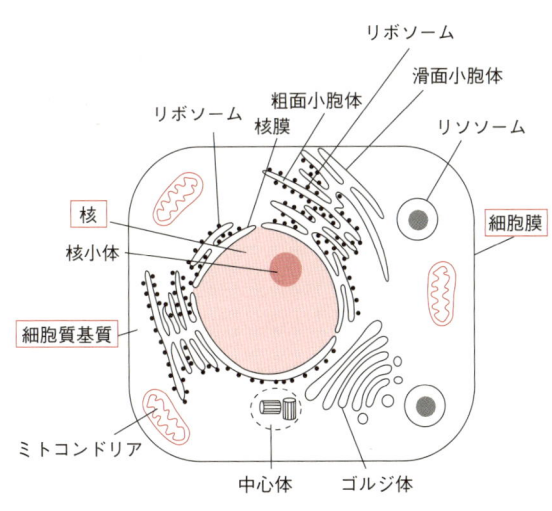

図2　細胞の構造（動物）

り，赤血球は成熟途中で脱核して無核になる．光学顕微鏡では，核内に**染色質**(クロマチン chromatin)と**核小体**(nucleolus)が区別できる．

核は二重の単位膜からなる核膜によって囲われている．核膜には多数の核膜孔という穴が開いており，物質の出入りを制御している．核内で転写されたリボ核酸(RNA)は核膜孔を通過して，細胞質に送りだされる．また，細胞質で合成されたタンパク質のあるものは核膜孔を通して核内へ輸送される．

核ラミナという線維は核膜を裏打ちし，染色糸(光学顕微鏡では染色質として観察される)を固定する足場となる．遺伝子は細胞分裂間期には染色糸として核内に分散しているが，細胞分裂時には**染色体**(クロモソーム chromosome)を形成する．染色質には，**異染色質**(ヘテロクロマチン heterochromatin)と**正染色質**(ユークロマチン euchromatin)がある．異染色質には発現しない遺伝子が存在しており，転写が不活発で凝縮状態にある．正染色質には発現しうる遺伝子が存在しており，解かれた状態にあり，転写が活発である．異染色質には，さらに構成的異染色質と可逆的異染色質がある．構成的異染色質に含まれる遺伝子は，細胞の一生にわたって発現が抑制されている．たとえば，女性のもつ2本のX染色体のうち1本は構成的異染色質を形成している．可逆的異染色質は，異染色質と正染色質の間を行き来し，遺伝子の発現状態が変化する．核小体は核内に1～数個ある小球体で，リボソームRNAを合成する場である(第8章参照)．

(2) ミトコンドリア

ミトコンドリア(糸粒体 mitochondria)は内外2枚の膜で囲まれており，内膜は内側に入り組んで，**クリステ**(cristae)を形成している．内膜に囲まれた内腔を基質(**マトリックス** matrix)といい，核とは別に，独自のDNAをもっている．基質はクエン酸回路，脂肪酸β酸化の場であり，内膜では電子伝達系の酸化的リン酸化過程によってアデノシン5′-三リン酸(ATP)を産生する．

前述のように，ミトコンドリア，葉緑体(植物の場合)および核は内膜と外膜の二重の単位膜で囲まれている．このうちミトコンドリアは，太古にわれわれの祖先の細胞に取り込まれた好気性細菌が共生するようになったのが由来と考えられている(**細胞内共生説**)．これはアメリカの女性生物学者，マーグリス(Lynn Margulis)によって提案された．植物の葉緑体はラン藻(シアノバクテリア)に起源をもつものと考えられている．一方，核膜が二重の単位膜からなっているのは，細胞膜に付着したデオキシリボ核酸(DNA)が細胞膜に付着したまま陥入し，二重の膜でDNAが取り囲まれて袋状になり，核になったためと考えられている(図3)．

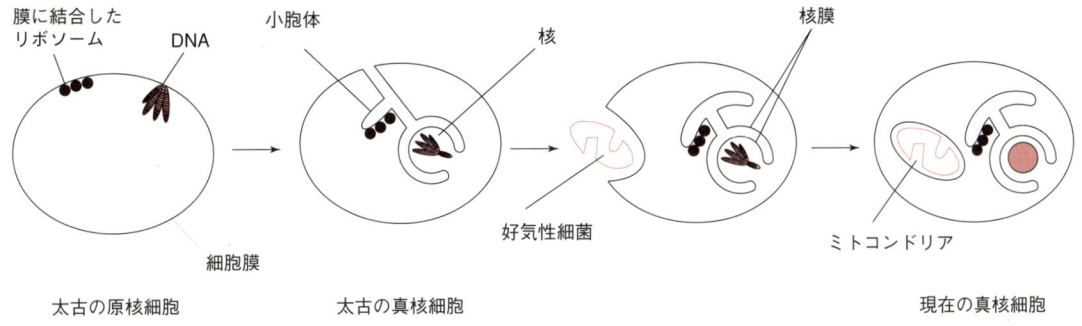

図3 核とミトコンドリアの起源

(3) リボソーム

リボソーム (ribosome) では，核からの遺伝情報をもとにタンパク質が合成される．リボソームには，細胞質内に散在している遊離リボソームと小胞体に結合している付着リボソーム（そのような小胞体を**粗面小胞体**とよぶ）がある．遊離リボソームでは，細胞自らが利用するタンパク質（酵素，構造タンパク質など）が合成される．一方，付着リボソームでは，細胞膜に組み込まれるタンパク質，リソソームの酵素，細胞外へ分泌されるタンパク質が合成される．

(4) 小胞体

小胞体 (endoplasmic reticulum，ER) にはリボソームが付着した上記の**粗面小胞体** (rough ER，RER) のほか，リボソームが結合していない**滑面小胞体** (smooth ER，SER) がある．滑面小胞体は膜をつくるリン脂質を合成するなどさまざまな機能をもつが，それぞれの細胞に特有な機能ももっている．たとえば，肝臓における薬物の解毒，ステロイドホルモンなどの代謝，糖代謝などに関与している．筋肉の小胞体は筋小胞体とよばれ，カルシウムイオンの放出と回収，筋収縮に関与している．小胞体は核膜の外膜とつながって，網目のような構造を形成している．小胞体からの輸送小胞は膜成分を細胞内各所に運ぶ．

(5) ゴルジ体

ゴルジ体 (Golgi body) は小胞体に近接して扁平な膜構造が重なり合うようにして存在する．粗面小胞体で合成されたタンパク質は輸送小胞に包まれ，ゴルジ体の取込み側（シス側）に移動する．輸送小胞はゴルジ体の層板に融合する（図4）．ゴルジ体では膜タンパク質と分泌タンパク質が選別され，タンパク質の修飾（糖付加など）が行われる．再び輸送小胞に包まれ，放出側（トランス側）から輸送小胞として細胞膜に運ばれ，細胞膜と融合する．分泌タンパク質は細胞外に放出され（エキソサイトー

タンパク質合成のしくみ
第8章参照．

ゴルジ体
発見者 C.Golgi（イタリア）の名称をとって付けられた（1898年）．

エンドサイトーシス
（endocytosis）
エキソサイトーシスの対語．外界からの物質を細胞膜の小胞化と融合により内部に取り込む方式．

シス exocytosis），細胞膜には脂質やタンパク質が供給される．このように，細胞内小器官の間での脂質とタンパク質の輸送は，輸送小胞という生体膜の小さな袋様構造物によって行われる．ゴルジ体は，タンパク質分子の加工，梱包，分泌にかかわるので，細胞内の配送センターといわれる．

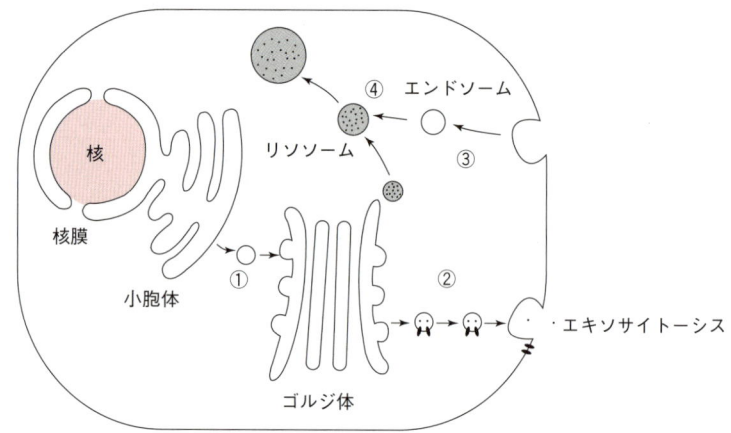

図4 小胞体，ゴルジ体と小胞輸送
① 小胞体→ゴルジ体，② ゴルジ体→細胞膜，③ 細胞膜→エンドソーム，④ エンドソーム→リソソーム．

(6) リソソーム

ゴルジ体によってつくられた加水分解酵素は生体膜に包まれたまま，**リソソーム**（ライソソーム lysosome，水解小体）になる．リソソームには核酸，タンパク質，脂質の分解酵素があり，内腔は酸性（pH 5）になっている．不要になった細胞内小器官や異物などはリソソームと融合して消化・分解される．生体防御にかかわる多形核白血球やマクロファージはとくに多くのリソソームを含んでいる．

(7) ペルオキシソーム

ペルオキシソーム（peroxisome）は多数の酸化酵素をもち，脂質の酸化やさまざまな物質代謝を行う．

(8) 中心体

核の付近には互いに直角に並んだ二つの**中心子**（centriole）があり，この一組の構造を**中心体**（central body）とよぶ．中心体は，3本一組集まった微小管（細胞骨格の一つ）が9組放射状に配列したもので，細胞分裂のときに染色体を移動させる中心となる．

(9) 細胞骨格

細胞内には線維状構造物が張り巡らされており，**細胞骨格**（cytoskeleton）とよばれる．しかし細胞骨格は固定した構造物ではなく，構築と分解を

繰り返す動的な存在である．細胞骨格は3種類あり，それぞれ独自の役割を果たしている．

① **アクチン線維**（細線維　actin filament）

アクチン線維は直径約7 nmで，あらゆる種類の細胞に存在する．とくに筋肉細胞の収縮装置には多量に存在し，ミオシン線維とアクチン線維が主要な構成要素になっている．筋細胞以外の一般の細胞では，アクチン線維は細胞膜直下や細胞の突起中などに多く見られる．細胞膜直下に見られるアクチン線維は，網目構造を形成して細胞膜を安定させたり膜タンパク質をつなぎ止めたりしている．細胞の突起に存在するアクチン線維は，遊走細胞の仮足，微絨毛の形成に関与している．

② **微小管**（microtubule）

微小管は1周を13個の**チューブリン**（tubulin）二量体が構成する，直径約25 nmの管状線維である．微小管は中心体を構成し，細胞分裂時の染色体分離に重要な役割を果たす．上皮細胞に見られる線毛や精子の鞭毛では，微小管が2本一組で9対配列し，さらに中央に2本の微小管が通っている．

③ **中間径線維**（intermediate filament）

中間径線維は，アクチン線維や微小管と連結し，複雑な網目構造を形成する．表皮細胞や筋細胞などの物理的に力のかかる細胞や神経細胞に多く存在している．

中間径線維
中間径線維の「中間」とは，アクチン線維と微小管の中間の直径（約10 nm）という意味である．

> ***Keyword***
> 細胞の構造と機能
> 細胞膜（流動モザイクモデル，選択的透過性）
> 細胞内小器官（核，ミトコンドリア，リボソーム，小胞体，ゴルジ体，リソソーム，ペルオキシソーム，中心体，細胞骨格）

2　組織

人体は細胞からなっているが，細胞が単に無秩序に集合したものではない．第2章のはじめでも述べているが，細胞が集まって組織を構成している．

組織は，細胞と間質（線維成分と液性成分）から成り立っており，上皮組織，支持組織，筋組織，神経組織の4種類に分類される．

上皮組織

上皮組織（epithelial tissue）は人体の外表面や体内の管の内表面を覆う組織で，特殊化したものは分泌腺を形成する．皮膚，消化管・呼吸器・

コラーゲン(collagen)
真皮，靭帯，腱，骨，軟骨などを構成するタンパク質の一種．細胞外マトリックスの主成分．

ラミニン(laminin)
基底膜を構成する，おもなタンパク質の一種．

＊また，小腸粘膜の上皮細胞では，微絨毛とよばれる多数の突起が並んでおり，吸収のための表面積を大きくしている．

尿路系(尿管・膀胱など)の内腔面を覆う粘膜上皮，血管・リンパ管の内腔面を覆う上皮(とくに内皮という)，腹膜腔・胸膜腔を覆う上皮(とくに中皮という)などがある．

　上皮組織の働きとして，① 保護作用，② 感覚作用，③ 吸収作用，④ 分泌作用があげられる．上皮組織の特徴は，① 上皮を構成する細胞は互いに接合していること，② 細胞は極性をもっており，外表に面する自由表面と，隣接細胞に面する側面，結合組織に面する基底面が区別されること，③ 間質に乏しいこと，④ 基底膜(コラーゲン，ラミニンなどからなる)によって結合組織と接すること，などがあげられる(図5)．気管や卵管の上皮細胞では，自由表面から線毛が出ており，気道では痰の排出，卵管では卵子の運動に関与している＊．

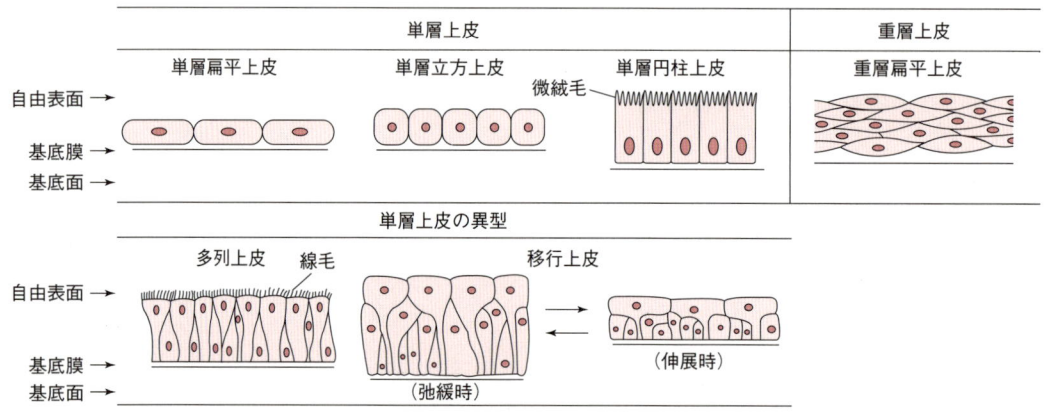

図5　上皮組織の分類と構造

(1) 形態による上皮組織の分類

①単層上皮

○単層扁平上皮：物質輸送にかかわる．例として血管内皮，胸膜中皮，肺胞上皮．

○単層立方上皮：分泌・吸収にかかわる．例として外分泌腺組織の導管，腎尿細管，甲状腺濾胞．

○単層円柱上皮：分泌・吸収にかかわる．例として消化管上皮．

　多列上皮：単層円柱上皮の特殊型で，すべての細胞は基底膜に接するが，自由表面に達していない細胞もあり，一見多層に見える．例として気管・気管支上皮(多列線毛上皮)．

　移行上皮：伸縮性に富む．例として尿路系上皮(腎盂，尿管，膀胱)．

②重層上皮

○重層扁平上皮：保護作用が主．角化(表皮)・非角化(口腔・食道粘膜上

皮)が区別される．例として表皮．

(2) 機能による分類
○表面上皮：体表面，消化管・気道などの内面を覆う．
○腺上皮：上皮組織が特殊化したもので，分泌物を産生・放出する．
　　分泌物を自由表面に放出する外分泌腺と，結合組織側に出す内分泌腺とに分けられる(図6)．外分泌腺は，導管を介して分泌物を皮膚や粘膜の表面に分泌するが，内分泌腺には導管がなく，分泌物は血管やリンパ管を介して運ばれる(ホルモン)．
○感覚上皮：上皮組織が感覚受容に特殊化したもので，嗅上皮(嗅覚)，味蕾(味覚)，内耳線毛上皮(聴覚)などがある．

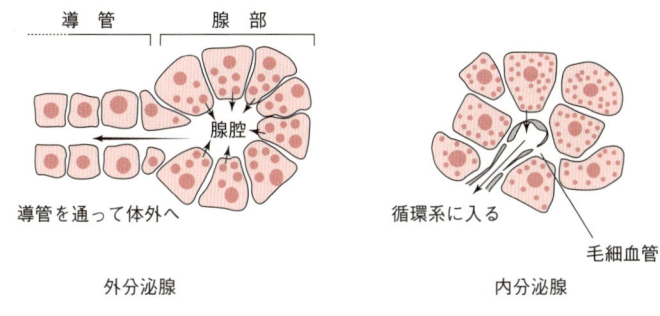

図6　外分泌腺と内分泌腺の構造

支持組織

上皮組織，筋組織，神経組織が主として細胞性構造からなるのに対し，**支持組織**(supporting tissue)は細胞と豊富な細胞間質(線維と基質)からなるのが特徴である．

支持組織の細胞成分としては，線維芽細胞が主要なものである．脂肪組織では脂肪細胞が主体をなしている．そのほかに自由細胞として，**マクロファージ**(macrophage)，**リンパ球**(lymphocyte)，形質細胞，**肥満細胞**(mast cell)，多形核白血球などの遊走細胞が見られる．すべての自由結合組織細胞は間葉系に由来し，血液中から遊出したものである．

間質は豊富で，膠原線維(コラーゲン)，弾性線維(エラスチン)，細網線維(特殊なコラーゲン)などの線維成分と組織液からなる．組織液はプロテオグリカンと結びついてゲル構造をなし，水分を保持している．

支持組織は次のように細分される(図7)．

(1) **結合組織**(connective tissue)
○疎性結合組織：膠原線維が散在する疎な組織である．例として皮下組織，血管外膜．

間葉系
発生の初期に内胚葉と外胚葉の間に落ち込んだ細胞から生ずる非上皮性組織．間葉の主体は中胚葉から発生するが，一部は神経堤に由来する．間葉系からは支持組織，平滑筋，骨格筋，心臓，血管，血球などが分化する．

	結合組織			軟骨組織			骨組織	血液，リンパ
種類	 疎性結合組織	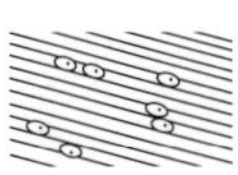 密性結合組織	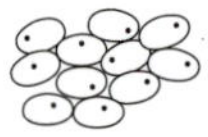 脂肪組織	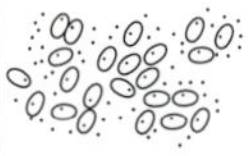 硝子軟骨	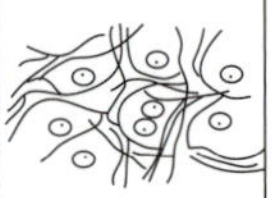 弾性軟骨	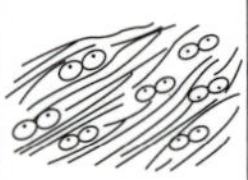 線維軟骨	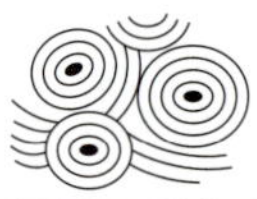 骨組織	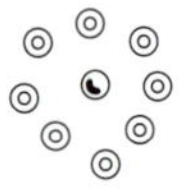 血液，リンパ
例	皮下組織，血管外膜	真皮，腱，靱帯	皮下脂肪組織，内臓脂肪組織	関節軟骨，肋軟骨，喉頭軟骨，気管・気管支軟骨	耳介軟骨	椎間板，関節半月，恥骨結合	脊椎骨，大腿骨	血液，リンパ
細胞	線維芽細胞		脂肪細胞	軟骨細胞			骨細胞	赤血球，白血球，血小板

図7　支持組織の分類

○密性（強靱）結合組織：膠原線維が密に存在する力学的に強靱な組織である．例として真皮，腱，靱帯など．

○脂肪組織：脂肪備蓄に特化した組織で，脂肪細胞が主体をなす．例として皮下脂肪組織，内臓脂肪組織．

（2）**軟骨組織**(cartilage tissue)

軟骨細胞と軟骨基質からなり，細胞は基質に埋もれて存在する．成人の軟骨組織では血管を欠き，酸素や栄養物質などは血管をもつ軟骨膜から，また関節硝子軟骨の場合は関節液（滑液）から，拡散によって供給される．

○硝子（ガラス）軟骨：基質（コンドロイチン硫酸）が多い．圧力に強い．例として関節軟骨，肋軟骨，喉頭軟骨，気管・気管支軟骨．

○弾性軟骨：基質には大量の弾性線維と少量の膠原線維が存在する．弾力性に富む．例として耳介軟骨．

○線維軟骨：大量の膠原線維を含んでいる．例として椎間板，関節半月，恥骨結合．

（3）**骨組織**(bone tissue)

骨組織の細胞は，骨基質を形成する骨芽細胞，それが成熟した骨細胞，および骨を吸収する破骨細胞からなる．このうち，破骨細胞は造血幹細胞に由来する．

骨芽細胞は血管を中心にして骨組織をつくっていくために，細い動静脈を中心に同心円状に骨質が取り巻く．この構造を**ハバース**(Havers)**系**または骨単位（オステオン　osteon）という．骨組織は常に改変されており，古いハバース系は介在層板として，破骨細胞に吸収され，新たな層板がつくられる．

（4）**血液**(blood)，**リンパ**(lymph)

便宜的に結合組織に分類される．血球が細胞成分，血漿やリンパ液が間質に相当する．

筋組織

　筋組織(muscular tissue)には，骨格筋，心筋，平滑筋の3種類がある(図8)．骨格筋では，筋細胞(筋線維)は，多くの筋芽細胞が融合して多核，線維状になっている．アクチン線維とミオシン線維が規則正しく配列し，光学顕微鏡で横紋として認められる．心筋では，円柱状の細胞が長軸方向に接合(介在板)し，骨格筋と同様に横紋が観察される．平滑筋は内臓の筋肉を構成する．

	骨格筋	心筋	平滑筋
細胞の形態	長い繊維状	円柱状	細長い紡錘形
核	多数	1(〜2)個	1個
筋線維の配列	横紋構造	横紋構造	平滑
神経支配	運動神経	自律神経	自律神経
	随意筋	不随意筋	不随意筋
疲労	疲労しやすい	疲労しにくい	疲労しにくい

 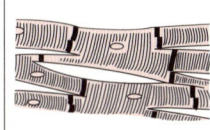 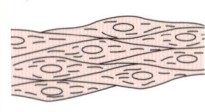

図8　筋組織の分類

神経組織

　神経組織(nervous tissue)は，神経細胞とこれを支持する神経膠細胞からなる．

　神経細胞(ニューロン　neuron)は神経細胞体と神経線維からなる．神経線維には**樹状突起**(dendrite)と**軸索**(axon)がある(図9)．樹状突起は信号を細胞体に向かう方向(求心性)に，軸索は信号を細胞体から遠ざかる方向(遠心性)に伝える．軸索は通常1本，樹状突起は複数ある．

　神経膠細胞(グリア細胞　glia)は，構造的および機能的に神経細胞を支持する役割をもっており，3種類が区別される．

- **星状膠細胞**(アストログリア　astroglia)：神経細胞と血管の間に介在し，これらの間の物質代謝の仲介をするとともに，血管内皮とともに血液脳関門を形成して神経細胞を保護する．
- **希突起膠細胞**(オリゴデンドログリア　oligodendroglia)：髄鞘(ミエリン　myelin)を形成する．末梢神経ではシュワン(Schwann)細胞がシュワン鞘を形成する．
- **小膠細胞**(ミクログリア　microglia)：神経組織においてマクロファー

ランビエ(Ranvier)絞輪

有髄神経では，軸索は希突起膠細胞またはシュワン細胞が何重にも同心円状に取り巻いて髄鞘を形成する．髄鞘は高抵抗性の絶縁体の役割を果たす．髄鞘同士の間にはランビエ絞輪というすき間があいており，軸索の膜の興奮は，ランビエ絞輪間を跳び跳びに伝導するので，伝導速度は非常に速くなる(跳躍伝導)．

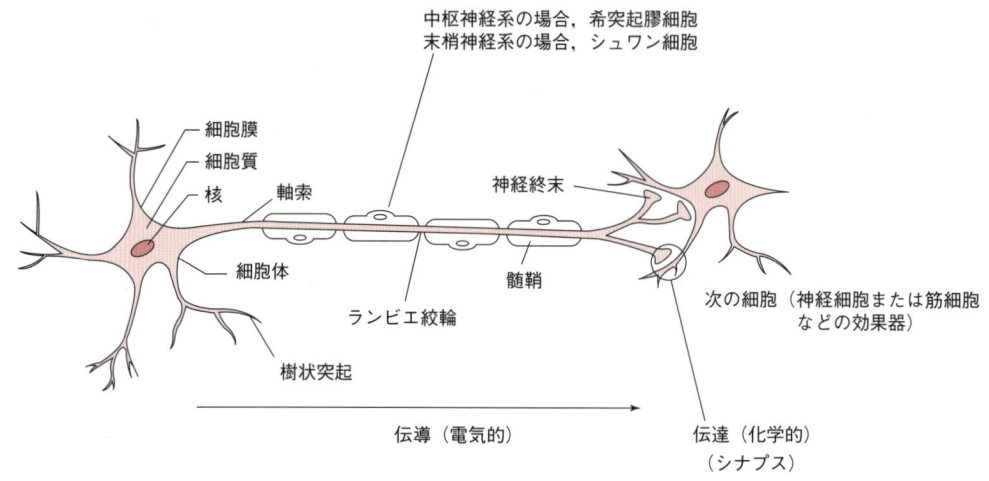

図9 神経組織の模式図
図は有髄神経の場合を示す.

ジの役割を果たす.

> **Keyword**
> 人体の組織は次の4種類に分けられる
> 上皮組織：単層上皮，重層上皮
> 支持組織：結合組織，軟骨組織，骨組織，血液・リンパ
> 筋組織：骨格筋，心筋，平滑筋
> 神経組織：神経細胞と神経膠細胞（星状膠細胞，希突起膠細胞，小膠細胞）からなる

3　器官，器官系

器官，器官系
ヒトについては第5章参照．

　組織が組み合わさって，ある特定の機能を営む**器官**を形成する．さらに，いくつかの器官系が集まって，ある特定の機能のために協調して働く**器官系**を構成する．器官系は，神経系，運動器系（骨格系・筋系），感覚器系，内分泌系，循環器系，呼吸器系，消化器系，泌尿器系，生殖器系，外皮系，免疫系，血液・造血器系などに分けられる．
　これらの器官系が統合的に働いてはじめて個体の恒常性（ホメオスタシス）を維持することが可能となる．

4　細胞の分裂と増殖

　細胞は分裂によって増殖する．ヒトのような多細胞生物では，細胞の増殖によって個体が成長し，失われた細胞を補充する．細胞分裂には，

生体をつくる体細胞が増殖するときの**体細胞分裂**(mitosis)と，生殖細胞（卵や精子）をつくる**減数分裂**(meiosis)がある．

体細胞分裂

体細胞分裂では，まず核の分裂（核分裂）が起こり，続いて細胞質が分かれる（細胞質分裂）．核分裂の過程は，前期，中期，後期，終期に分けられる（図10）．

① **前期**：核内に分散していた染色体は凝縮して短くなる（このときには，すでに染色体の複製は完了し，2本の染色分体からなっている）．核膜と核小体はしだいに消失する．中心体は二つに分かれて両極に移動し，そこから紡錘糸が伸びて紡錘体となる．

② **中期**：両極から伸びた紡錘糸は染色体のくびれた部分（**動原体** kinetochore）に付着する．染色体は紡錘糸によって移動し，赤道面（紡錘体の中央横断面）に整列する．

③ **後期**：染色分体は分離し，娘染色体となり，紡錘糸に引かれて両極に

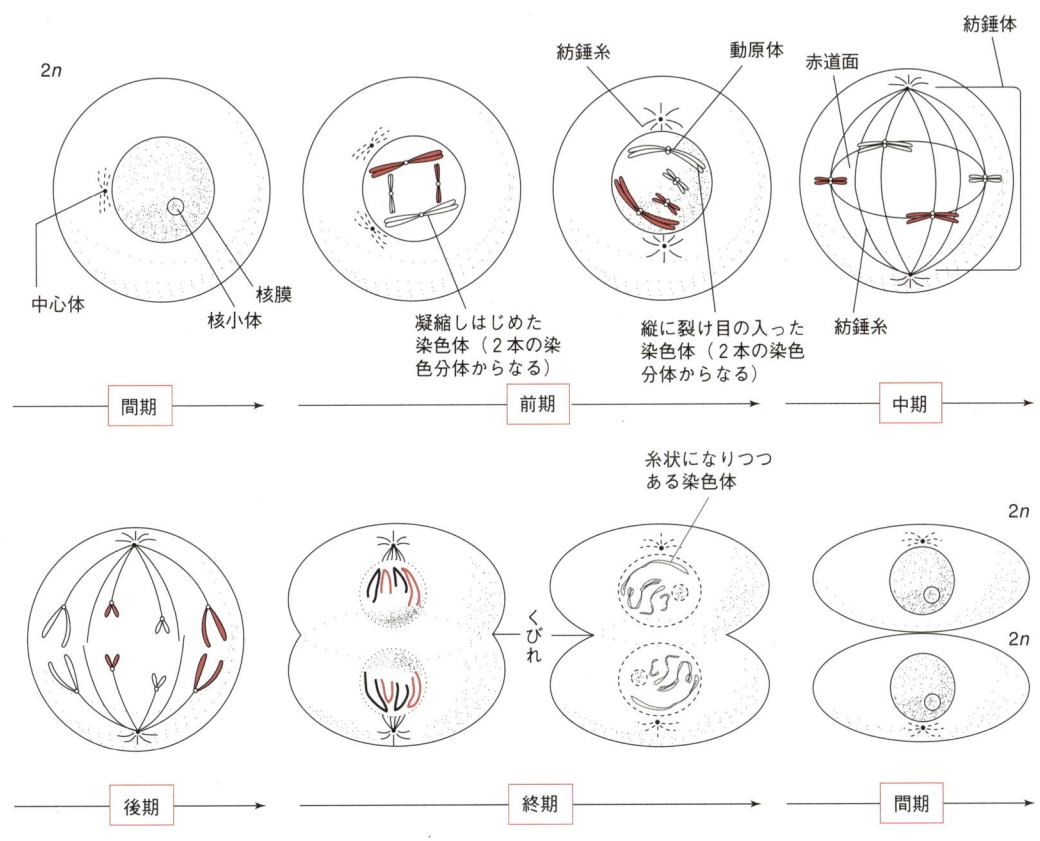

図10 体細胞分裂の過程
染色体数を $2n = 4$ として示す．n は染色体の数で，染色分体の数ではないことに注意．

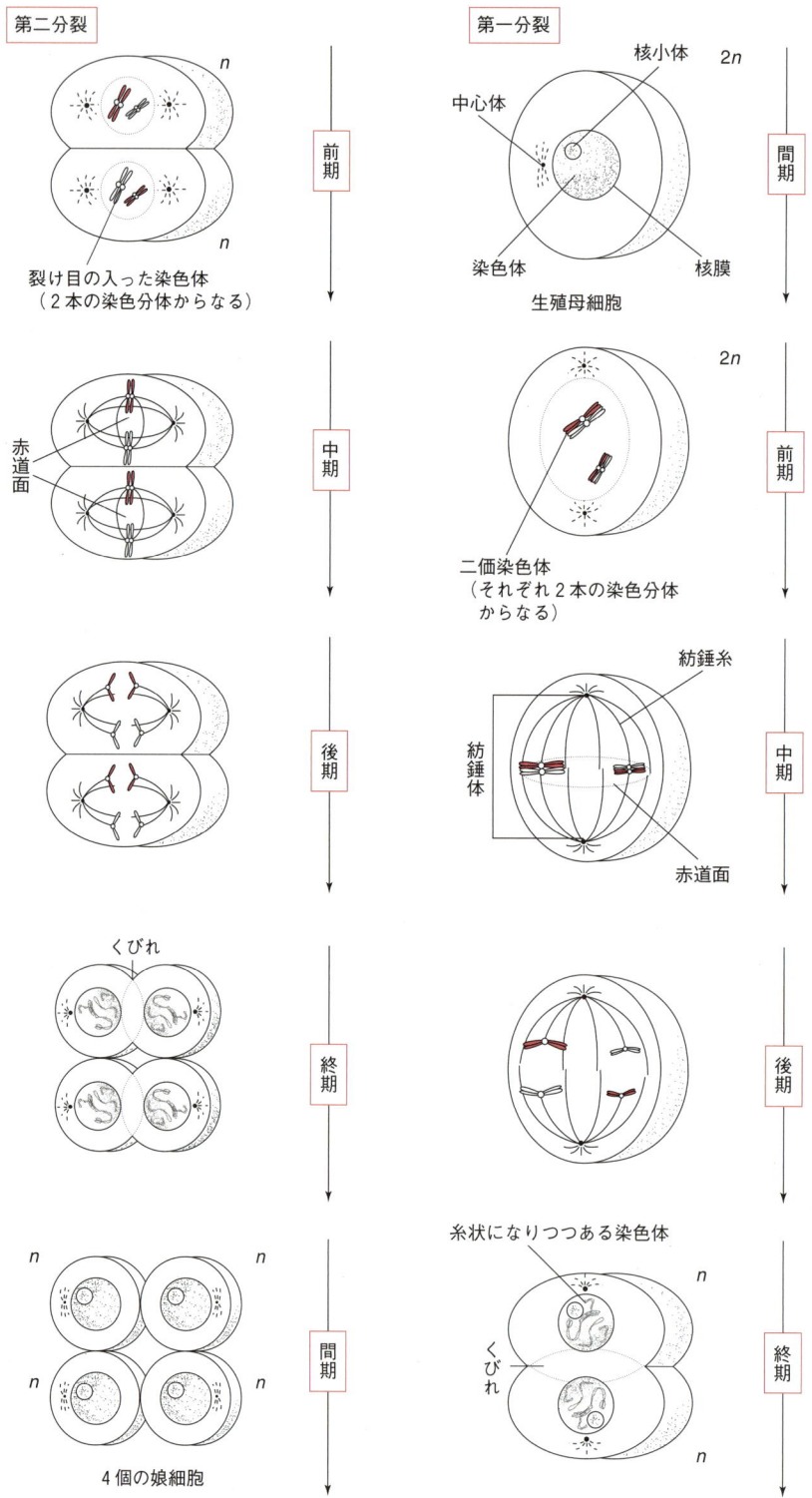

図11　減数分裂の過程
染色体数を $2n = 4$ として示す． n は染色体の数で，染色分体の数ではないことに注意．

移動する．

④ **終期**：娘染色体は糸状に解かれて，もとの染色質にもどる．核膜と核小体が再び出現し，核分裂は完了する．赤道面でくびれ，細胞質分裂が起こり，娘細胞が完成する．

減数分裂

　生殖細胞ができる過程で起こる特殊な細胞分裂を**減数分裂**という．減数分裂は第一分裂と第二分裂という連続した細胞分裂からなり，それぞれの分裂は前期，中期，後期，終期に分けられる（図11）．染色体数の半減は第一分裂で起こり，第二分裂では染色体数は変化しない．減数分裂の過程は，染色体が半減するほかは，基本的に体細胞分裂と同様である．

（1）第一分裂

① **前期**：生殖母細胞の核内に分散していた染色体は凝縮して太く短くなる．相同染色体同士が接着（対合という）して二価染色体となる．それぞれの相同染色体は間期に複製を終えて，2本の染色分体からなっている．

② **中期**：二価染色体は赤道面に並ぶ．

③ **後期**：二価染色体は対合面で二つに分かれ，紡錘糸によって両極に移動する．

④ **終期**：染色体は解けて，糸状になり，細胞質は赤道面でくびれて細胞質分裂が起こる．

　第一分裂では，対になっていた相同染色体の一方が娘細胞に分配されるので，染色体数（染色分体ではない）は半減する．

（2）第二分裂

　第一分裂に続いて，連続して第二分裂が起こる．

① **前期**：第一分裂の終期で糸状になった各染色体（2本の染色分体からなる）は再びまとまって太くなる（DNAの複製は行われない）．

② **中期**：染色体は赤道面に並ぶ．

③ **後期**：各染色体は縦に二つの染色分体に分かれ，両極に移動する．

④ **終期**：細胞質分裂によって娘細胞が完成する．

　以上のように，減数分裂では，2回の細胞分裂によって，生殖母細胞のそれぞれの相同染色体のうち，どちらか一方を含む4個の娘細胞が生じる．

相同染色体
体細胞の核には，大きさと形が同じ染色体が2本ずつ対になっている．この1対の染色体を相同染色体といい，一方は父親から，他方は母親から由来する．相同染色体の同じ位置には同じ機能をもつ遺伝子が存在する．

二価染色体
実際には，二価染色体が形成されるときに，相同染色体の一部が交叉して，遺伝子の組換えが起こる（第7章参照）．

染色分体
染色体上のDNAは，間期に複製されて2倍になる．間期から核分裂の前期にかけてそれぞれのDNAは凝縮して，染色分体となる．2本の染色分体で1本の太い染色体を構成する．

娘細胞
卵の形成過程では，実際にはそのうち3個が退化・消失し，1個のみが生殖細胞となる．

Keyword
染色体　動原体　紡錘糸　染色分体
中心体　相同染色体　二価染色体

> **Keyword**
> 細胞分裂には体細胞分裂と減数分裂がある

5 配偶子形成と受精

生殖細胞のもとになる細胞は **始原生殖細胞**（primordial germ cell）とよばれ，発生の早期に精巣や卵巣に分化する場所まで移動する．女性では **配偶子**（gamete）として **卵**（ovum）を，男性では **精子**（sperm）を形成する（図12）．

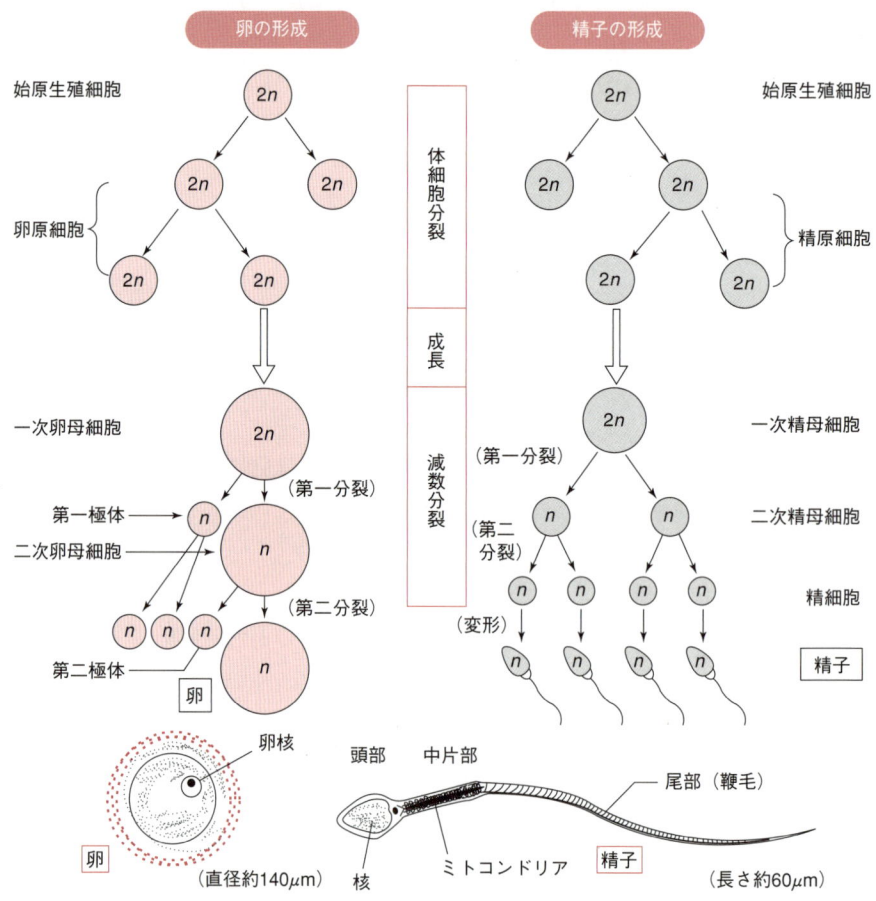

図12 配偶子の形成過程
$2n$（二倍体），n（一倍体）は染色体の数を示す（染色分体の数ではないことに注意）．

卵の形成

卵巣では，始原生殖細胞が体細胞分裂を繰り返し，卵原細胞が分化する．その一部は肥大・成熟して一次卵母細胞になる．一次卵母細胞は減

数分裂の第一分裂において，細胞質が不均等に分かれ，二次卵母細胞と小さな第一極体になる．続く第二分裂で，卵細胞と小さな第二極体になる．極体は退化・消失する．

精子の形成

精巣では，始原生殖細胞から精原細胞が分化し，体細胞分裂によって増殖する．精原細胞の一部は一次精母細胞になる．一次精母細胞は，減数分裂の第一分裂によって2個の二次精母細胞になり，さらに第二分裂により4個の精細胞になる．

精細胞は，成熟にともなって細胞質の大部分を失い，変形して精子となる．精子は頭部・中片部・尾部からなる．頭部には核，中片部にはミトコンドリアが存在している．ミトコンドリアは鞭毛運動のエネルギーを産生する．

Keyword

始原生殖細胞

卵原細胞　一次卵母細胞　二次卵母細胞　卵

精原細胞　一次精母細胞　二次精母細胞　精子

Column

私たちはみな，たった一人の女性ミトコンドリア・イヴの子孫なのか？

ミトコンドリアは核とは別に独自の遺伝子DNAをもっている．精子の鞭毛の根元（中片部）にはミトコンドリアが組み込まれており，鞭毛運動のエネルギーを産生する．しかし，核の遺伝子と異なり，ミトコンドリアの遺伝子は母親からの遺伝子しか伝わらない（母系遺伝）．精子のミトコンドリアは受精後，分解されて消失する．ミトコンドリアDNAは母親からのみ受け継がれるので，ミトコンドリア遺伝子の解析は母系の祖先を探る有用な方法となる．

1987年，アメリカのキャンらは世界中の人々のミトコンドリアDNAの変異の系統樹を作成し，現代人の共通の祖先である女性が約20万年前のアフリカにいたとした．これが誤解され，あたかも私たち現代人はみな，たった一人の女性ミトコンドリア・イヴの子孫であるかのように大々的に報道された．しかし，ミトコンドリア・イヴが最初のたった一人の現代人女性であったというのではない．ミトコンドリア・イヴはそのころ，アフリカに暮らしていた現代人の祖先の集団の一人にすぎないのである．

それまで，現代人の起源については，「多地域並行進化説」と「アフリカ単一起源説（出アフリカ説）」があったが，ミトコンドリアDNAの研究によって，「出アフリカ説」が有力になっている．それによると，アフリカに出現した現代人の祖先の集団がアフリカからヨーロッパ，アジアなど各地に進出し，ホモ・エレクトゥスやネアンデルタール人に取って代わり，すべての現代人の祖先になったという．

章末問題

1. 次のうち，細胞膜の成分でないものはどれか．
   a. リン脂質　b. コレステロール　c. タンパク質　d. グリコーゲン

2. 細胞内小器官 a〜e の働きについての説明で，正しいものを①〜⑤から選びなさい．
   a. 核　b. リソソーム　c. ゴルジ体　d. リボソーム　e. ミトコンドリア
   ①エネルギー(ATP)の合成　②タンパク質の梱包・配送
   ③遺伝子の保管　④タンパク質の合成　⑤異物の消化

3. ヒトの組織は一般に4種類に大別される．それらの組織名を記し，それぞれの組織に属するものを次の a〜k のうちから選びなさい．
   a. 血液　b. 心筋　c. 表皮　d. 真皮　e. 骨組織　f. 血管内皮　g. 胃腺
   h. 大脳皮質　i. 軟骨組織　j. 末梢神経　k. 平滑筋

4. 次の文章のカッコの中に適切な語を入れなさい．
   卵や精子をつくるもとになる細胞を（ ① ）といい，体細胞分裂を繰り返した後，女性では（ ② ），男性では（ ③ ）になる．（ ③ ）はさらに増殖し，一部は（ ④ ）に分化する．（ ④ ）は減数分裂の後，（ ⑤ ）になり，変形して精子となる．

第3章

食べ物からエネルギーをつくる

　毎日，私たちが主食として食べているパンやご飯は，大切なエネルギー源である．パンやご飯に含まれるデンプン，すなわち糖質は私たちにとってもっとも大切なエネルギー源である．食物中には糖質のほかにも，エネルギー源となる脂質やタンパク質が含まれている．

　それでは，私たちは，どのようにして食べ物からエネルギーをつくりだしているのであろうか？　そのしくみについてお話しよう．

1　エネルギーをつくりだす分子 ATP

　私たちの生命活動に必要なエネルギーは，すべて ATP (adenosine triphosphate，アデノシン5′-三リン酸) というエネルギー物質でまかなわれている．ATP は，細菌から動植物にいたるすべての生物に共通したエネルギー物資である．

　ATP は，ADP (adenosine diphosphate，アデノシン5′-二リン酸) にリン酸1分子が結合した化合物である (図1)．

　この ATP と ADP のなかに含まれるリン酸結合がエネルギーの源で，それを高エネルギーリン酸結合 (〜P, high-energy phosphate bond) とよぶ．1モルの ATP が ADP に分解されるとき，すなわち高エネルギーリン酸結合が切れるときに，7.3 kcal のエネルギーが発生する．この発生したエネルギーが生体内のあらゆる活動に利用されている．

　私たちの生体内では，ATP はつくられては壊され，壊されてはつくられて，ATP の再生が繰り返し行われている．

$$ATP + H_2O \Leftrightarrow ADP + Pi + H^+ + 7.3 \text{ kcal}$$
　　　（ここで Pi は無機リン酸である）

同化と異化
（anabolism, catabolism）
代謝とは，生命活動を維持するために絶えず生体内で起こっている物質変換．
同化とは，代謝によってより複雑な物質を合成すること．
異化とは，代謝によってより簡単な物質に分解すること．

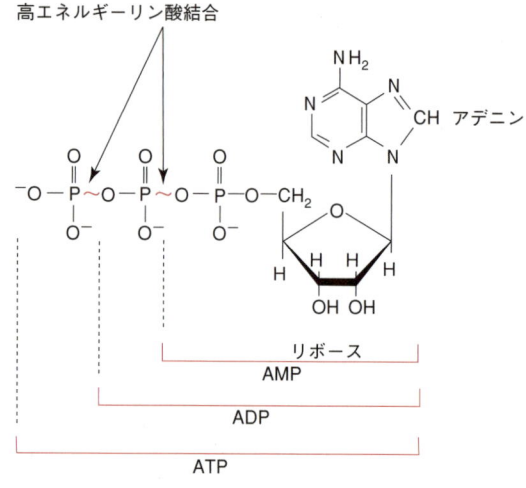

図1　ATPとADPの構造

> **Keyword**
> ATP（アデノシン5′-三リン酸）は生体のエネルギー源

2　食べ物からエネルギーをつくるしくみ

すでに述べたように私たちの食べ物のなかで，エネルギー源となるものは，糖質，脂質，タンパク質である．そのなかでもとくに**糖質**(sugar, glucide)がもっとも重要なエネルギー源である．ヒト（動物）は，植物が光合成により合成した多糖の**デンプン**(starch　糖質)を食べ，消化管内で分解（消化）し，単糖の**グルコース**(glucose)として小腸で吸収する．吸収されたグルコースは血流に乗り，**門脈**(portal vein)を経て**肝臓**(liver)に送られ，エネルギー（ATP）をつくるために利用される（図2）．

生物がグルコースからエネルギーをつくりだす反応を**呼吸**（内呼吸）とよぶ．呼吸は，酸素を必要としない**嫌気呼吸**(anaerobic respiration)と酸素を必要とする**好気呼吸**(aerobic respiration)とに大別される．とくに好気呼吸は，解糖系・クエン酸回路・電子伝達系の三つの過程を経て行われる反応である．

グルコースの構造

```
      CHO
   H—C—OH
  HO—C—H
   H—C—OH
   H—C—OH
      CH₂OH
```

呼吸について

この呼吸には二つの意味合いがある．一つは，われわれが日ごろ使う外呼吸のことで，肺に酸素を取り込み，二酸化炭素を排出する，いわゆるガス交換をさす．もう一方は，ここで使われている内呼吸で，細胞における酸素消費と二酸化炭素の発生を伴う代謝をさす．

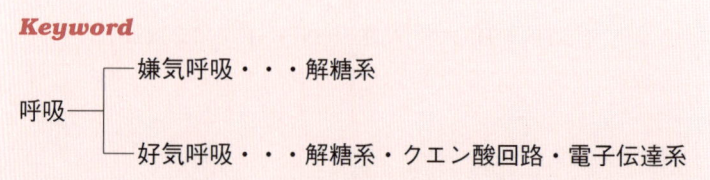

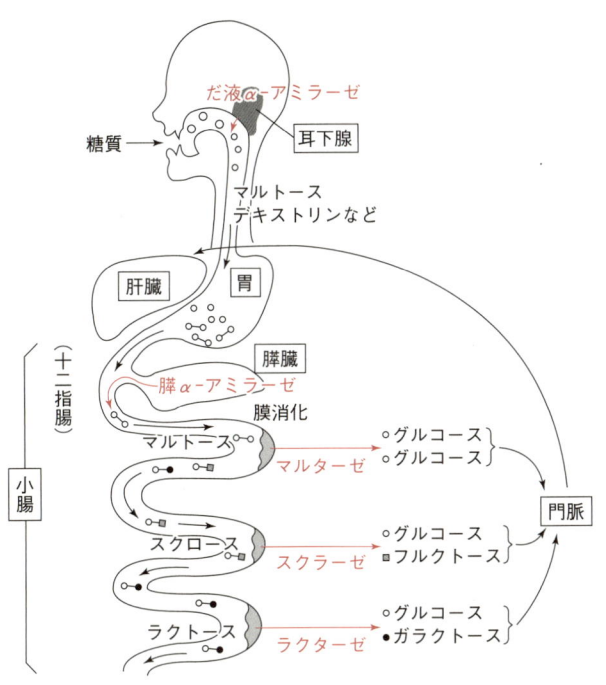

図2 糖質の消化と吸収のしくみ

膜消化

二糖類にまで分解された糖質(マルトース,スクロース,ラクトース)は,小腸上皮細胞膜に存在する二糖類分解酵素(マルターゼ,スクラーゼ,ラクターゼ)により単糖(グルコース,フルクトース,ガラクトース)にまで分解されて,吸収される.このように,消化と吸収が同時に行われる機構を膜消化とよぶ.

解糖系のしくみ

　解糖系(glycolytic pathway)とは,読んで字のごとく,糖を分解する過程をさす.発見者の名にちなんで,エムデン・マイヤーホフ経路(EM経路),またはエムデン・マイヤーホフ・パルナス経路(EMP経路)ともよばれる.解糖系ではグルコースを出発点として,最終産物はピルビン酸または乳酸である(図3).

　酵母(yeast)や乳酸菌(lactic acid bacterium)などの微生物が行う解糖は,とくに発酵(fermentation)とよばれる.酵母ではアルコール(エタノール)が,乳酸菌では乳酸が最終産物となる(図4).

酵母によるアルコール発酵

$$C_6H_{12}O_6 \rightarrow 2\ C_2H_5OH + 2\ CO_2 + 2\ ATP$$

乳酸菌による乳酸発酵

$$C_6H_{12}O_6 \rightarrow 2\ C_3H_6O_3 + 2\ ATP$$

　ところで,私たちは激しい運動をすると疲労を感じる.それは,グルコースが分解して乳酸がつくられ,結果的に筋肉に乳酸がたまるためである.この反応は乳酸発酵とまったく同じ反応経路をとって進むが,乳酸発酵とはよばず,解糖(glycolysis)とよばれている.筋肉細胞は酸素の

筋肉中に蓄積した乳酸の行方

嫌気呼吸で生じた筋肉中の乳酸は血流に乗って肝臓に運ばれ,ここでグルコースとなる(糖新生).また,このグルコースは血流に乗って,再び筋肉に送り返されてエネルギー源として利用される.このような臓器間の循環経路をコリ回路とよんでいる.

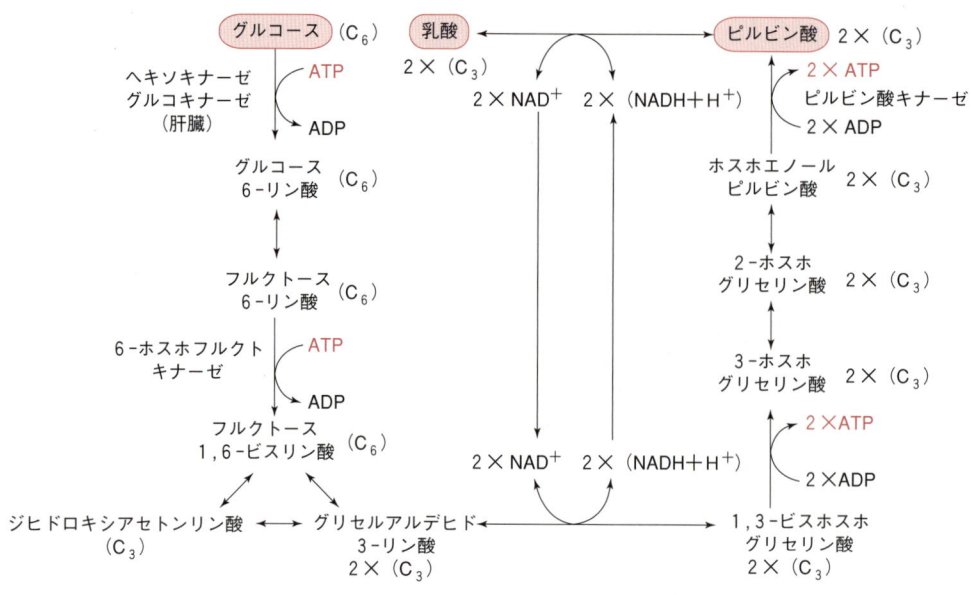

図3 解糖系のしくみ

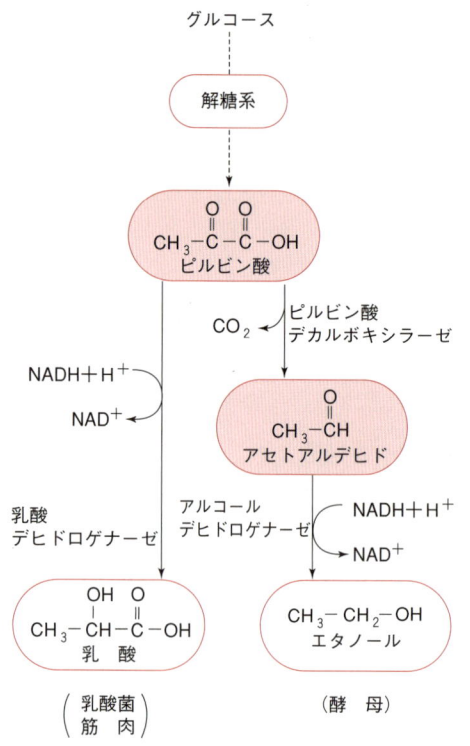

図4 微生物が行う解糖（発酵）のしくみ

供給が不足すると，解糖系のみで ATP をつくり，筋肉を動かすエネルギーをそれから得ている．

解糖系は**細胞質基質**（cytoplasmic matrix，**細胞質ゾル** cytosol）内で行われ，酸素を必要としない反応系で，嫌気呼吸（無酸素呼吸）ともよばれる．1分子のグルコースが2分子のピルビン酸，または2分子の乳酸になる過程で，ATP が2分子生じる．

$$C_6H_{12}O_6 \longrightarrow 2\ C_3H_4O_3 + 2\ NADH + 2\ H^+ + 2\ ATP$$
（ピルビン酸）

$$C_6H_{12}O_6 \longrightarrow 2\ C_3H_6O_3 + 2\ NAD^+ + 2\ ATP$$
（乳酸）

クエン酸回路のしくみ

クエン酸回路（citric acid cycle）は **TCA**（tricarboxylic acid cycle，トリカルボン酸）**サイクル**，または発見者のハンス・クレブスの名にちなんで，**クレブス回路**（Krebs cycle）ともよばれる（図5）．

酸素存在下，解糖系で生じたピルビン酸は，細胞内小器官の**ミトコンドリアのマトリックス**（mitochondorial matrix，図6）に入り，脱水素反応と脱炭酸反応をうけて，**アセチル CoA**（アセチルコーエーとよむ．別名，

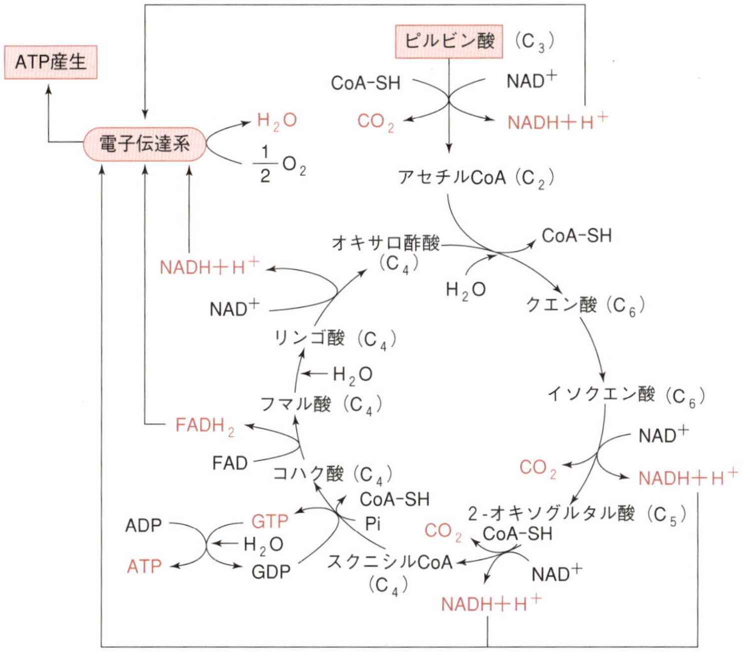

赤血球の ATP 生産
細胞内にミトコンドリアをもたない赤血球は解糖系のみで ATP を生産している．

細胞質基質
細胞質ゾル，サイトゾルともよばれる．細胞質の細胞内小器官の間を満たす液相部分のこと．

NADH
ニコチンアミドアデニンジヌクレオチド．

図5　クエン酸回路のしくみ

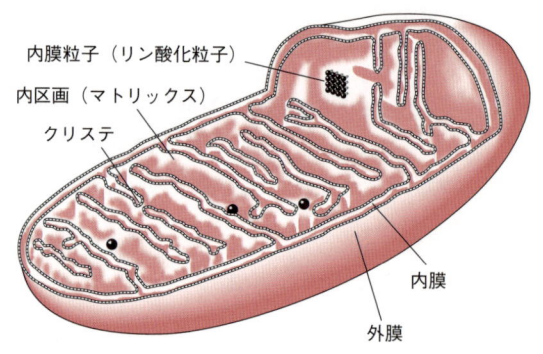

図6　ミトコンドリアの模式図
クリステには，電子伝達系の種々の酵素が含まれている（第2章も参照）．

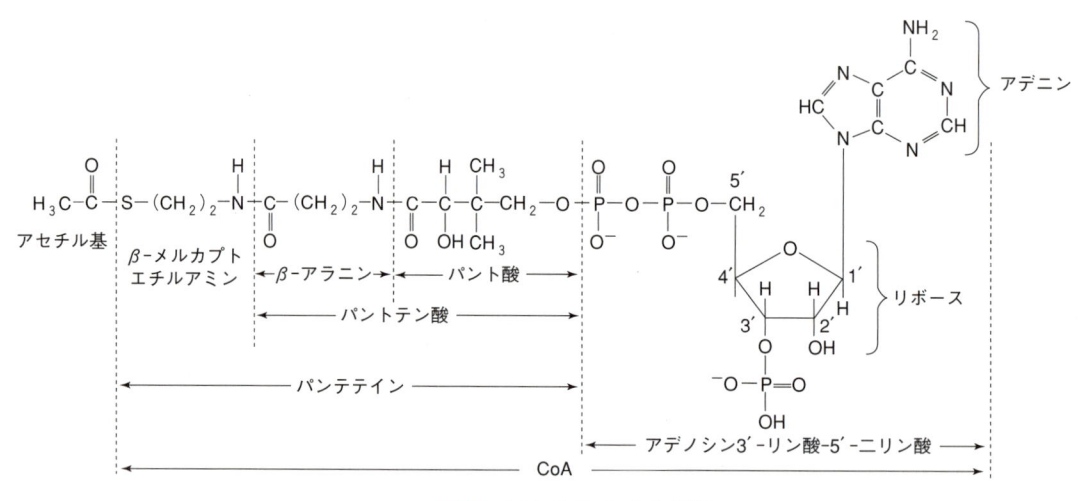

図7　アセチルCoAの構造
ピルビン酸，脂肪酸，多くのアミノ酸の代謝での重要な中間体である．

　アセチル補酵素A）となる（図7）．このとき，1分子の二酸化炭素（CO_2）と1分子のNADH＋H^+が生成する．
　アセチルCoAはクエン酸回路のオキサロ酢酸と縮合して，クエン酸となり，クエン酸回路に入る．クエン酸は回路を一巡する間に，脱水素と脱炭酸，および水の付加などをうけ，最終的にはオキサロ酢酸となる．この結果，クエン酸回路では，1分子のアセチルCoAから2分子の二酸化炭素（CO_2），3分子のNADH＋H^+，1分子の$FADH_2$（フラビンアデニンジヌクレオチド）が生成する．このほかにも1分子のGTP（グアノシン5′-三リン酸）が生成するが，このGTPのリン酸基は酵素（ヌクレオチドジホスフェートキナーゼ）の働きによって，ADP（アデノシン5′-二リン酸）へと移され，1分子のATP（アデノシン5′-三リン酸）が合成されるこ

とになる．

ピルビン酸からアセチルCoAが生じる過程，およびクエン酸回路内で生じたNADH＋H^+やFADH$_2$は電子伝達系に運ばれる．

電子伝達系のしくみ

ミトコンドリアの内膜の**クリステ**（crista）という部分にある**電子伝達系**（electron transport system）は，水素伝達系，シトクロム系，または呼吸鎖などとよばれることもある（図8）．

この場では，水の生成とATPの合成が起こる．NADH＋H^+やFADH$_2$のかたちで運ばれてきた水素は，ここでプロトン（H^+）と電子（e^-）に分かれて移動する（$H_2 \rightarrow 2H^+ + 2e^-$）．電子伝達系に手渡されたプロトンは，3か所のプロトンポンプから，内膜と外膜との間の膜間腔にくみだされる．この結果，膜間腔とマトリックスとの間にプロトン勾配が生じ，今度はプロトンのマトリックス側への逆流がATP合成酵素のプロトンチャンネルを通じて起こる．このときADPからATPが合成される〔化

グルコースのエネルギー変換効率

$C_6H_{12}O_6 + 6O_2 \rightarrow 6CO_2 + 6H_2O + 36ATP(38ATP)$

1モルのグルコースは180gだから，エネルギー換算係数4kcal／g（糖質）を用いて，1モルのグルコースがもつエネルギー量を計算すると，180×4＝720kcalとなるが，実際，1モルのグルコースをボンベ熱量計で完全燃焼させて測定される物理的燃焼値は670kcalである．

また，ATPは1分子あたり7.3kcalの自由エネルギーをもつと考えると，36ATPの場合，36×7.3＝262.8kcal，38ATPの場合，38×7.3＝277.4kcal，となる．

したがって，グルコースのATPへのエネルギー変換効率は，

36ATPの場合
　262.8/670×100＝39.2（％），

38ATPの場合
　277.4/670×100＝41.4（％）

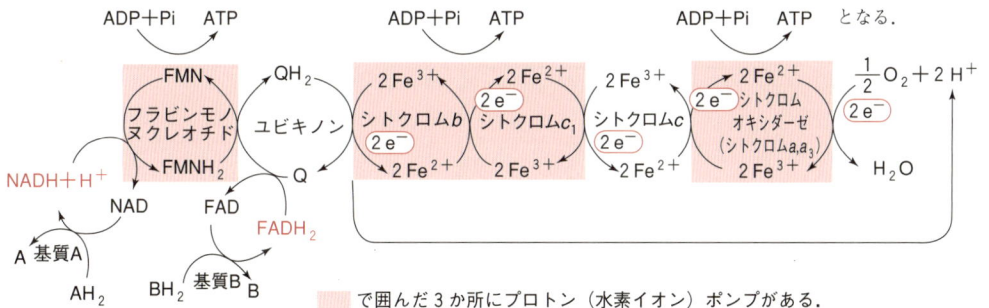

となる．

■で囲んだ3か所にプロトン（水素イオン）ポンプがある．

図8　電子伝達系のしくみ

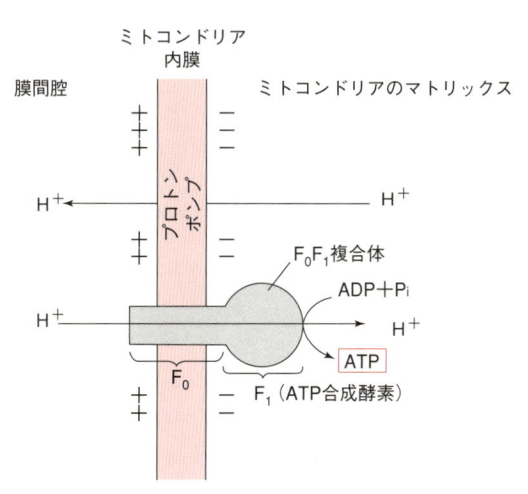

図9　ピーター・ミッチェルが提唱した化学浸透圧説のモデル

プロトンチャンネル

ミトコンドリアの内膜のクリステには，膜間腔とマトリックスを結ぶ構造体があり，これをF_0F_1複合体とよぶ．このF_0F_1複合体は，クリステに埋め込まれたF_0部分とマトリックス内に突き出たF_1部分とからなり，F_0はプロトン（水素イオン）の通り道を，F_1はATP合成酵素を形成している．すなわち，プロトンチャンネルは，濃度勾配に従ってプロトンが膜間腔からマトリックスへ移動する際に，ATPが合成されるしくみとなっている．プロトンチャンネルは，濃度勾配に従ったプロトン輸送とATP合成が見事に一体化した巧みな機構である（図9も参照．）

学浸透圧説(chemiosmotic hypothesis), 図9]. 一方, $2e^-$ は内膜にある電子伝達物質(タンパク質のシトクロム)を順に経由し, 最終的には $2H^+$, および酸素 ($\frac{1}{2}O_2$) に手渡されて水が生じる ($2e^- + 2H^+ + \frac{1}{2}O_2 \rightarrow H_2O$).

電子伝達系と共役して, ATPが合成されるので, このような反応を酸化的リン酸化(oxidative phosphorylation)とよぶ. 実際, 酸化的リン酸化

表1　1分子のグルコースから生成するATP量

解糖系		2分子 ATP
	$2分子 NADH + H^+ \longrightarrow$	6分子 ATP(肝臓, 腎臓, 心筋)
		または
		4分子 ATP(骨格筋, 脳)
ピルビン酸の酸化的脱炭酸	$2分子 NADH + H^+ \longrightarrow$	6分子 ATP
クエン酸回路	$6分子 NADH + H^+ \longrightarrow$	18分子 ATP
	$2分子 FADH_2 \longrightarrow$	4分子 ATP
	$2分子 GTP \longrightarrow$	2分子 ATP
合　計		38分子 ATP(肝臓, 腎臓, 心筋)
		または
		36分子 ATP(骨格筋, 脳)

Column

短距離走と長距離走

運動をつかさどる筋肉は骨格筋とよばれ, 白筋(速筋)と赤筋(遅筋)からなる横紋筋である. 短距離走では瞬発力が, 長距離走では持久力がものをいうが, それぞれ瞬発力には白筋が, 持久力には赤筋が関係している.

筋収縮のためのエネルギーはATPの分解によってもたらされるが, このATPの供給系は白筋と赤筋とではまったく異なっている.

わずか数十秒の短距離走では, まず白筋内に貯蔵されているATPとクレアチンリン酸から合成されるATPが利用される. それでもATPが不足する場合には, 血中のグルコースや白筋内に貯蔵されているグリコーゲン由来のグルコースがエネルギー源となり, 嫌気的解糖によってさらなるATPが供給される. このようなエネルギー供給過程を無酸素呼吸という. しかし, このときATPの合成とともに乳酸が生成し筋肉内に蓄積されるので, 筋肉疲労が起こる.

一方, マラソンのような2時間を超える長距離走のエネルギー源は, 筋グリコーゲンや脂肪組織由来の脂肪酸である. 赤筋はもともとミトコンドリアやミオグロビンを多く含んでいるため, 酸化活性は強い. したがって, 赤筋は, 好気的条件下の解糖系で生じるピルビン酸をクエン酸回路と電子伝達系で完全酸化し, 大量のATPを合成することができる. このようなエネルギー供給過程を酸素呼吸という. また赤筋は乳酸を生成しないので, 疲労することもなく, 長時間運動し続けることができるというわけである.

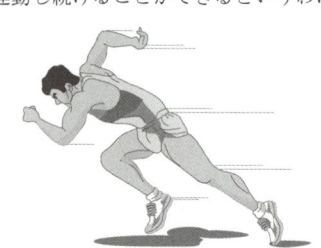

によって，1分子のNADH＋H$^+$からは3分子のATPが，1分子のFADH$_2$からは2分子のATPが生成される．

したがって，好気呼吸では1分子のグルコースから36分子，ないし38分子のATPが合成されることになる（表1）．

好気呼吸を式にまとめると，以下の式になる．

$$C_6H_{12}O_6 + 6\,O_2 \rightarrow 6\,H_2O + 6\,CO_2 + 36(38)\,ATP$$

3　脂肪酸からのエネルギー供給

遊離脂肪酸を使って補う

脂肪を構成している**脂肪酸**（fatty acid）はエネルギー源として重要である．たとえば，水泳やウォーキングなどの有酸素運動や空腹時が長時間続くと，私たちの血液中の血糖は下がり，各組織では糖質からのエネルギー供給が不足してくる．このエネルギー不足を補うために，**脂肪細胞**（adipocyte）に蓄えられた脂肪から脂肪酸が遊離して血液中に放出される．血液中では，遊離脂肪酸はアルブミン（タンパク質の一種）と結合したかたちで移動し，肝臓へ運ばれる（第4章の図4参照）．

β酸化のしくみ

細胞内に取り込まれた脂肪酸は，CoA（補酵素A）と結合して，アシルCoAとなり，**ミトコンドリアのマトリックス**（mitochondrial matrix）に入り，**β酸化**（β-oxidation）をうけて分解される．アシルCoAが**β酸化系**を一周するごとに1分子のアセチルCoA，1分子のNADH＋H$^+$と1分子のFADH$_2$が生成する．生じたNADH＋H$^+$とFADH$_2$は電子伝達系に入って酸化され，ATPとなる．一方，β酸化により多量に生成したアセチルCoAは，クエン酸回路に入って酸化され，ATPとなる．その結果，脂肪酸からは多量のエネルギーが生みだされることになる（図10）．

脂肪細胞
第4章参照．

脂質と糖質の燃焼値の比較
脂肪酸の分解によって生じるアセチルCoAの量の多さから判断して，エネルギーの供給面では，脂質のほうが糖質に比べて有利であることが理解できよう．ちなみに，脂質は1 gあたり9 kcalのエネルギーを供給できるのに対して，糖質は1 gあたり4 kcalのエネルギーしか供給できない．

β酸化

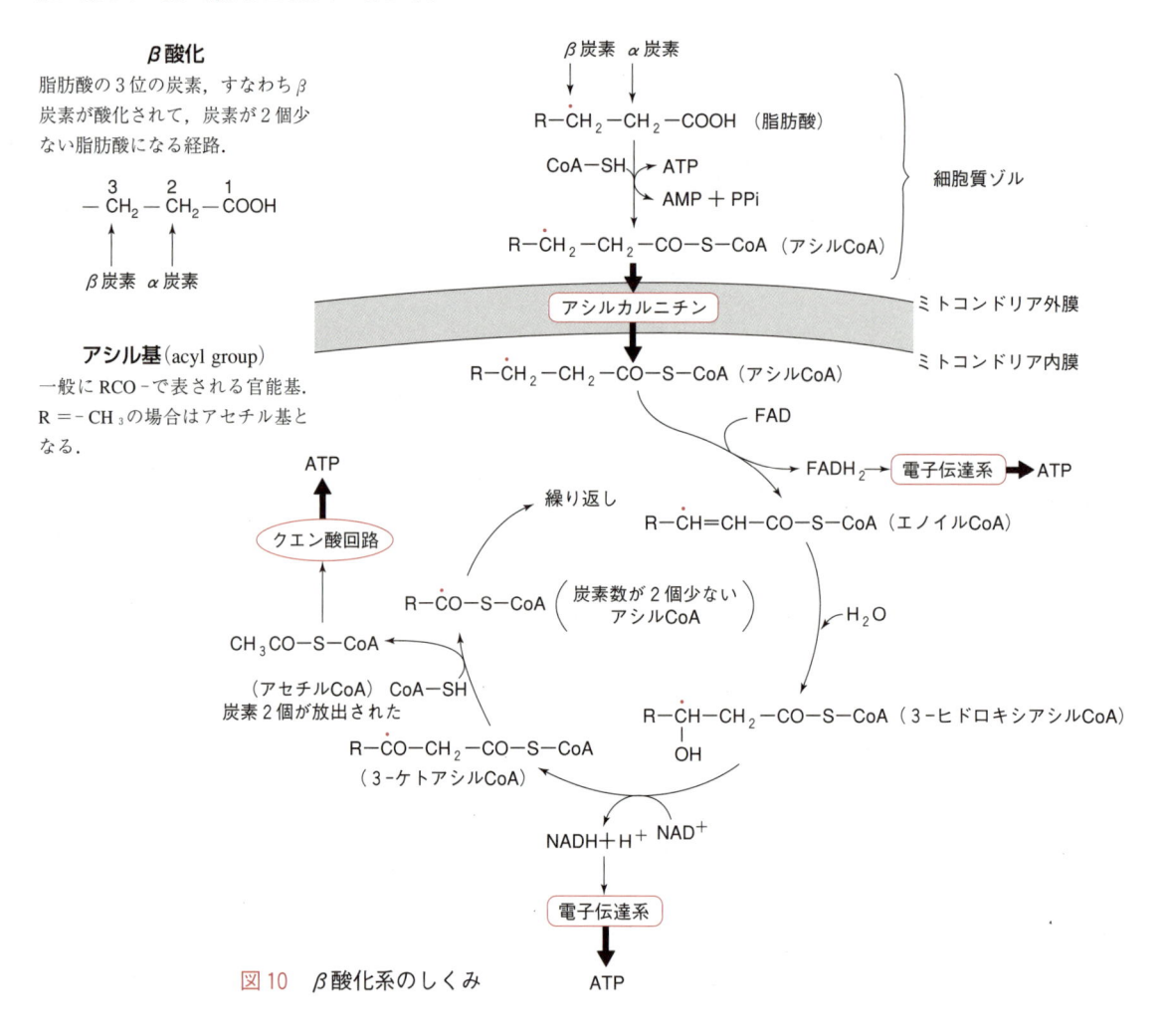

脂肪酸の3位の炭素，すなわちβ炭素が酸化されて，炭素が2個少ない脂肪酸になる経路．

$$-\overset{3}{CH_2}-\overset{2}{CH_2}-\overset{1}{COOH}$$

↑ β炭素　↑ α炭素

アシル基 (acyl group)

一般にRCO-で表される官能基．R=-CH₃の場合はアセチル基となる．

図10　β酸化系のしくみ

章末問題

1. ATPとは何か．

2. グルコースは嫌気呼吸で，筋肉では（　①　）まで分解されるが，酵母では（　②　）と（　③　）に分解される．前者の代謝を（　④　）とよび，後者の代謝を（　⑤　）とよぶ．ただし，両者とも（　⑥　）を中間代謝物とする．

3. ピルビン酸1分子がミトコンドリアのクエン酸回路で分解されると，ATPは何分子できるか．

4. 脂肪酸は，細胞内小器官の（　①　）で分解されて，大量のエネルギーを生みだす．この代謝過程を（　②　）という．

第4章

食べ物から，からだをつくる

私たちのからだ(細胞)は，水，有機化合物，無機質などからできている．これらの物質の人体に占める割合を見てみると，水が約60%でもっとも高い(表1)．水を除けば，人体はタンパク質や脂質といった**有機化合物**(organic compound)と骨，歯の主成分であるカルシウム，リン，マグネシウムなどの**無機質**(mineral)から成り立っている(図1)．

有機化合物と無機化合物

	有機化合物
構成元素	C, H, O, N, P, S, ハロゲンなど少数
結合	ほとんどが共有結合
沸点，融点	低いものが多い
溶解性	有機溶媒に溶けるものが多い
燃焼性	燃えるものが多い
数	多い(1500万)

	無機化合物
構成元素	すべての元素
結合	イオン結合が多い
沸点，融点	高いものが多い
溶解性	水に溶けるものが多い
燃焼性	燃えないものが多い
数	少ない(3〜4万)

表1 人体を構成する成分とその占める割合

分子 \ 組織	全身	肝臓	筋肉	脂肪組織	脳	骨	血液
水	63%	69%	76%	56%	78%	22%	79%
タンパク質	16	18	19	12	8	29	18
脂 質	15	6	2.7	26	12	7	1
糖 質	1	4	1	0.1	0.1	0.1	0.1
核 酸	0.3	1	0.3	少量	0.8	0.3	少量
無機質	4.7	2	1	5	1	41	1

酸素 (O) 65%
炭素 (C) 18%
水素 (H) 10%
窒素 (N) 3%

おもな元素 (無機質約4%)
カルシウム (Ca) 1.5〜2.1%
リン (P) 0.8〜1.2%
カリウム (K) 0.3〜0.4%
硫黄 (S) 0.25〜0.3%
ナトリウム (Na) 0.15〜0.2%
塩素 (Cl) 0.15〜0.2%
マグネシウム (Mg) 0.05〜0.1% ほか

図1 人体を構成するおもな元素

この章では，人体の主要な構成成分であるタンパク質や脂質が食べ物からどのように合成されているのか，体内での水の役割とは何か，について説明しよう．

1 からだは食べ物からどのようにしてできるか

タンパク質をつくる：合成のしくみ

生体内では，タンパク質(protein)は骨や筋肉，酵素やホルモン，血液成分などを構成しており，約10万種類あると推定されている．このようにタンパク質は体内では多種多様な働きを担っている(表2)が，もとをただせばタンパク質はアミノ酸の集まりである．

タンパク質を構成しているアミノ酸は20種類ある．そのうち，9種類のアミノ酸が体内で合成できないので，食べ物から摂取しなければならない．これらを必須アミノ酸(essential amino acid)という．

アミノ酸の一般構造

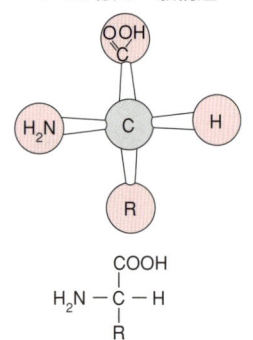

> **Keyword**
> 必須アミノ酸(9種類)：イソロイシン，ロイシン，リシン，メチオニン，フェニルアラニン，トレオニン，トリプトファン，バリン，ヒスチジン
> 非必須アミノ酸(11種類)：アラニン，アルギニン，グルタミン，アスパラギン酸，グルタミン酸，プロリン，システイン，チロシン，アスパラギン，グリシン，セリン

ヒトを含めたすべての生物は，摂取した食物中のタンパク質を一度アミノ酸(aminoacid)にまで分解(消化 digestion)して，そのアミノ酸を使って必要なタンパク質を合成している．このときアミノ酸は無作為に並ぶのではなく，遺伝子とよばれる設計図に基づいて，規則正しく並んでいる．

タンパク質の全遺伝情報は核内のDNA (deoxyribonucleic acid)とよばれる核酸のなかに書き込まれている．必要なタンパク質が合成されるときには，まず核内でDNAの全遺伝情報のなかから，目的のタンパク質をつくるために必要な部分だけがメッセンジャーRNA (mRNA)に写し取られる(転写 transcription)．ついで核内で合成されたmRNAは，核外へ出て細胞内小器官のリボソームへ移動する．リボソーム上で，mRNAの情報は順次アミノ酸の情報へと読み替えられ(翻訳 translation)，その情報に基づいてアミノ酸がつなげられ，結果としてタンパク質が合成される．なお，タンパク質の合成のしくみについては，第8章で詳しく述べる．

ヒトゲノム
ヒトの細胞の核内にあって遺伝情報を保持している全DNAのことをさしてゲノムという．DNAの塩基配列として約30億塩基となる．なかでもタンパク質をつくるために必要な遺伝情報の部分は遺伝子とよばれている．第8章も参照．

遺伝情報
遺伝情報は4種類の塩基の文字を使って伝えられる．DNAは塩基が鎖状につながった二重らせん構造をしている．一方，RNAは塩基が鎖状につながった一本鎖である．第8章も参照．

核酸	塩基
DNA	A(アデニン), G(グアニン) C(シトシン), T(チミン)
RNA	A(アデニン), G(グアニン) C(シトシン), U(ウラシル)

表2　体内でのタンパク質のおもな役割

役割	解説
細胞や骨などの生体を構成する基本の物質となる	種々の細胞構成タンパク質 コラーゲン(結合組織・骨),核タンパク質
酵素として,細胞内で物質を変化させる働きをする	ペプシン,トリプシンなど(消化酵素) デヒドロゲナーゼなど(代謝を行う酵素)
筋肉を構成し,筋収縮などの運動を行う	アクチン,ミオシンなど(筋肉)
抗体など防御作用を行う	種々の抗体(細菌などに対する防御) フィブリノーゲン(血液凝固)
ホルモンとして代謝調整を行う	インスリン(膵臓－血糖低下) 成長ホルモン(下垂体－成長促進)
アミノ酸を栄養素として貯蔵する	アルブミン(細胞・血清) カゼイン(乳汁)
栄養素や酸素などの運搬	ヘモグロビン(赤血球－酸素の運搬) トランスフェリン(鉄の運搬)
ホルモンや神経作用物質の情報を受け取る(受容体)	細胞外からの情報を細胞内に伝える役目 グルカゴン(血糖上昇ホルモン)レセプター
転写因子タンパク質として遺伝子の転写を調節する	転写因子がDNAの遺伝子転写調節部位に結合すると,mRNAの合成が開始される
エネルギー源	タンパク質1gあたり4kcalのエネルギーを発生する

脂質をつくる

　脂質(lipid)とは,水には溶けず,クロロホルム,エーテル,ベンゼンなどの有機溶媒に溶ける有機化合物の総称である.生体内では,脂質はエネルギー源として皮下脂肪組織に貯蔵されているほか,生体膜(細胞膜や細胞小器官の膜など)の構成成分としても重要である.さらにホルモンや胆汁酸,プロスタグランジンといった生理活性物質の合成の原料としても,脂質は必要である(表3).

表3　体内での脂質のおもな役割

役割	解説
貯蔵エネルギー源	脂質は単位重量あたりの熱量が9kcal/gと高い(タンパク質や糖質は4kcal/g)
生体膜構造を構築	脂質二重層を形成し,細胞膜などの生体膜を構築する
生理活性物質	ステロイドホルモン,プロスタグランジンなど
脂溶性ビタミン	ビタミンA, D, E, K
消化の補助	界面活性剤として消化を助ける(胆汁酸など)

体内で合成できない脂肪酸のことを**必須脂肪酸**(essential fatty acid)とよんでいる．必須脂肪酸が不足すると欠乏症（成長遅延，皮膚の異常など）が出るので，食事から摂取する必要のある脂肪酸である．**リノール酸**(linoleic acid)，**α-リノレン酸**(α-linolenic acid)，**アラキドン酸**(arachidonic acid)のことをさす．ただし，アラキドン酸はリノール酸から合成できる脂肪酸ではあるが，アラキドン酸からプロスタグランジンなどの重要な生理活性物質が合成されることを考えると，食事からすみやかに補ったほうがよい脂肪酸である．

Keyword
必須脂肪酸
リノール酸，α-リノレン酸，アラキドン酸

Column

不思議で，怖いタンパク質：プリオンと BSE

プリオン(prion)とは，タンパク質性感染粒子(proteinaceous infectious particle)の略称で，1982年にスタンリー・プルシナー(S.Prushner)によって発見された．

プリオンは，もともとヒツジに発症するスクレイピー病（脳がスポンジ状となり，立ったり歩いたりができなくなって死亡する疾患）の研究から発見された病原体で，253個のアミノ酸からなる糖タンパク質である．その後の研究から，プリオンには正常プリオンと異常プリオンがあることがわかったが，その違いは意外なものであった．なんとアミノ酸の配列はまったく同じであるにもかかわらず，立体構造が異なっていたのである．正常プリオンがα-ヘリックス構造であるのに対して，異常プリオンはβシート構造をとっていたのである．

ヒトのからだでは，正常プリオンは，脳神経細胞の細胞膜上に多く分布していることがわかっているが，その機能についてはいまだ不明である．しかし，なんらかの原因により正常プリオンが異常プリオンへと変化すると，その異常プリオンに接した正常プリオンも異常プリオンへと次つぎに変化していく．その連鎖反応で増えた異常プリオン同士は重合，凝集して，神経細胞内に蓄積し，脳神経細胞を破壊すると考えられている．これが，ヒトのクロイツフェルト・ヤコブ病(Creutzfelddt – Jakob disease；CJD)の発症メカニズムとされる．CJDは老年期に発病しやすく，発病すると記憶障害（痴呆）が起こり，発病後1～2年で死亡する．

同様の疾患はヒツジ，ヤギ，ネコ，ミンクなどにも見られるが，なんといっても，1985年にイギリスで発見されたウシ海綿状脳症(bovine spongiform encephalopathy；BSE)，いわゆる狂牛病が有名である．1997年，やはりイギリスでBSEは猛威を振るい，BSEに感染したウシの脳や脊髄，および内臓を食べた若者がCJDによく似た症状を呈して死亡した事件は，世界中に衝撃を与えた（変異型CJDの発見）．この事件以来，BSEに感染したウシはすべて廃棄処分されている．日本では2001年9月に最初のBSEの症例が見つかっている．

BSEの病原体，異常プリオンはタンパク質でありながら，熱に強く，タンパク質分解酵素にも分解されにくい性質をもっているため，感染したウシから異常プリオンを除去するのは困難である．したがって，今のところ，変異型CJDに感染しないためには，BSEに感染したウシは絶対食べないようにして予防を行うほか策はない．

1 からだは食べ物からどのようにしてできるか

（1）脂質はどのように消化・吸収されるか

私たちの食べる脂質の多くは**トリアシルグリセロール**（triacylglycerol, TG　中性脂肪）である．このトリアシルグリセロールは胆囊から分泌される**胆汁酸**（bile acid）によって乳化された後，小腸で**リパーゼ**（lipase）酵素により，モノアシルグリセロールと脂肪酸に分解される．その後，これらは個別に小腸上皮細胞内へ吸収された後，再びトリアシルグリセロールに再合成され，**キロミクロン**（chylomicron）というリポタンパク質の構成成分となって（図2），リンパ管に入り，胸管，左鎖骨下静脈，心臓を経由して，各組織に送られる（図3）．**リポタンパク質**（lipoprotein）とは，疎水性のトリアシルグリセロールとコレステロールエステルを中核とし，それらを親水性のタンパク質，リン脂質，コレステロールが包む球状のミセル様粒子である．TGやコレステロールの運搬にかかわる．比重から，キロ（カイロ）ミクロン，超低比重リポタンパク質（VLDL），中間比重リポタンパク質（IDL），低比重リポタンパク質（**LDL**），高比重リポタンパク質（**HDL**）の5種類に分類される．

（2）肥満はどのようにして起こるか

生体内のトリアシルグリセロールには，食事由来のものと生体内で合成されたものとがあるが，いずれにせよ，体内の脂質の大部分はトリアシルグリセロールで，脂肪組織に貯蔵され，必要に応じてエネルギー源として利用される（図4）．

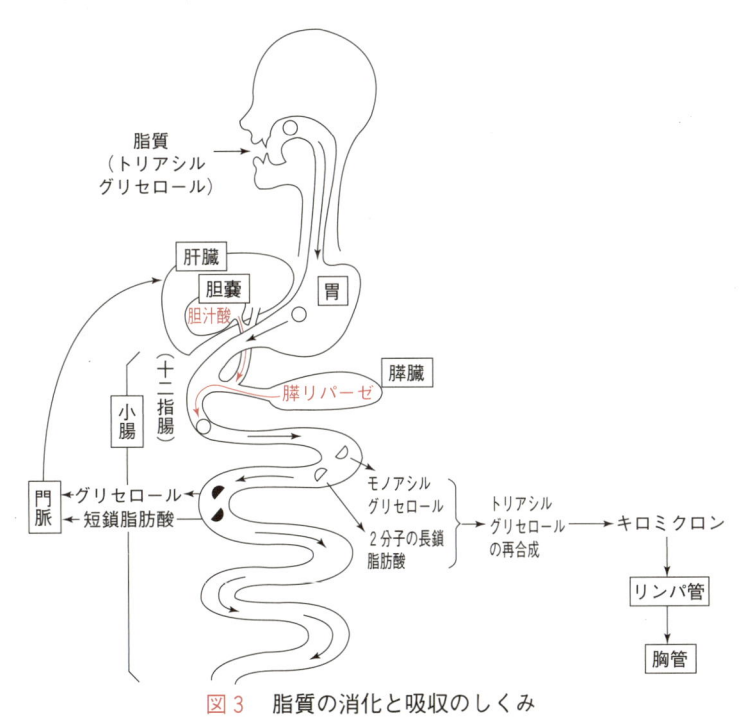

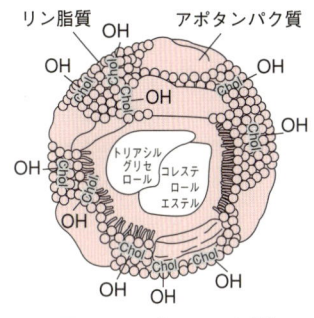

図2　リポタンパク質

脂肪の合成と体脂肪率

脂肪は肝臓や脂肪組織で糖質などから合成される．一般の成人男性の体脂肪率は15～20%，成人女性で20～25%である．

肥満の判定

体格指数BMI（body mass index）から，簡易的に判定できる．

$$BMI = \frac{体重(kg)}{[身長(m)]^2}$$

BMI＜18.5：低体重，
18.5≦BMI＜25：普通体重，
25≦BMI：肥満．

図3　脂質の消化と吸収のしくみ

胆汁酸

肝臓で合成され，胆囊から分泌される胆汁酸は，脂質の消化と吸収を助けている．胆汁酸は界面活性剤として働き脂質を分散させて，リパーゼの作用を受けやすくしている．胆汁酸の主成分はコール酸とケノデオキシコール酸であるが，胆汁中ではグリシンやタウリンと抱合している．

また，一度使用された胆汁酸の大部分は腸管から再吸収され，肝臓へ戻り，再び利用されている．このしくみを腸肝循環とよぶ．

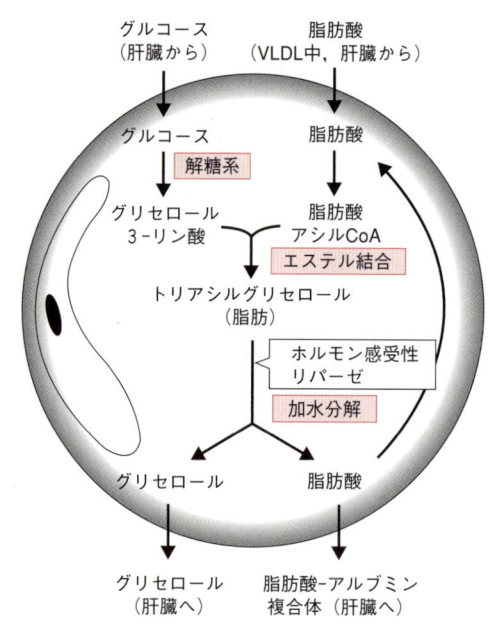

図中ラベル:
- グルコース（肝臓から）
- 脂肪酸（VLDL中，肝臓から）
- グルコース → 解糖系 → グリセロール3-リン酸
- 脂肪酸 → アシルCoA
- エステル結合 → トリアシルグリセロール（脂肪）
- ホルモン感受性リパーゼ／加水分解 → グリセロール ＋ 脂肪酸
- グリセロール（肝臓へ）
- 脂肪酸-アルブミン複合体（肝臓へ）

図4　脂肪細胞における脂質（脂肪）の合成と分解のしくみ

　ところで，ヒトは必要なエネルギーを糖質や脂質から得ているが，必要以上に糖質や脂質を食べすぎると，体内でのトリアシルグリセロールの合成が促進される（図4）．

　体内のトリアシルグリセロールの蓄積量が増えれば，**脂肪細胞**（fat cell）は肥大化し，場合によっては脂肪細胞の数も増加する．これは体脂肪の増加を意味し，太ること（**肥満**　obesity）になる．脂肪細胞が肥大している肥満者と脂肪細胞の数が増大している肥満者は，ともに運動によりトリアシルグリセロールの消費量を高めると，脂肪細胞は小さくなり，体重は落ちる．ところが，後者のほうが減量後のリバウンドの可能性が高い．それは，一度増えた脂肪細胞の数は減らないので，この脂肪細胞が肥大化，もしくはさらに分裂を繰り返せば，以前よりも増して体脂肪が増加し，体重増加につながるからである．

　脂肪細胞は，とくに乳幼児期と思春期に増殖し，成人期においては，過食や運動不足によって細胞数が増加する．また，脂肪細胞には**白色脂肪細胞**（white fat cell）と**褐色脂肪細胞**（brown fat cell）がある．白色脂肪細胞はATP合成に関与しており，体内に入った余分なエネルギーを中性脂肪のかたちで蓄える．褐色脂肪細胞はATP合成には関与せず，脂肪を分解して，熱を発生させる．褐色脂肪細胞はとくに新生児期に多く見られ，体温維持に重要な役割を果たしていることがわかっている．

　ところで，褐色脂肪細胞は肥満のヒトにはほとんど見あたらない．し

リバウンド
短期間の無理なダイエット（減量）は，必ずリバウンド（減量前の体重に比べて，過体重になること）を起こす．

脂肪肝
通常，肝臓には湿重量あたり，2〜4％の脂質が含まれているが，それ以上肝臓に脂質が蓄積すると，肝細胞に脂肪滴が現れる．このような状態の肝臓を脂肪肝とよんでいる．アルコールの摂りすぎや過食といった食習慣に運動不足が加わり，発症する生活習慣病の一つである．

たがって，この細胞からの熱産生能がないか，あっても弱いヒトは体脂肪を蓄えやすく太りやすいのでないかという考え方が現在，提唱されており，褐色脂肪細胞と肥満との関連性が注目されている．

Keyword
脂肪細胞 { 白色脂肪細胞
　　　　　 褐色脂肪細胞

2　生きてゆくための水

体内での水の分布

すべての生物において，水(water)は生きてゆくために不可欠なものである．私たちは食べ物がなくても数週間は生きていられるが，水なしでは数日しか生きられないといわれている．先に述べた通り，ヒトのからだ(体重)のおよそ60％を占める水は，細胞のなか(細胞内液　intracellular fluid)に約40％，細胞と細胞との間を満たす間質液として約15％，血液の血漿のなかに約5％ある(図5)．間質液と血漿を合わせて細胞外液(extracellular fluid)とよんでいる．また，からだを構成している水のことを体液(body fluid)という．

体水分含量

ヒトは生まれたときが，もっとも体水分含量が高く80％にも達する．年を重ねるごとに体水分含量は減少し，成人になると60％程度にまで落ちる．

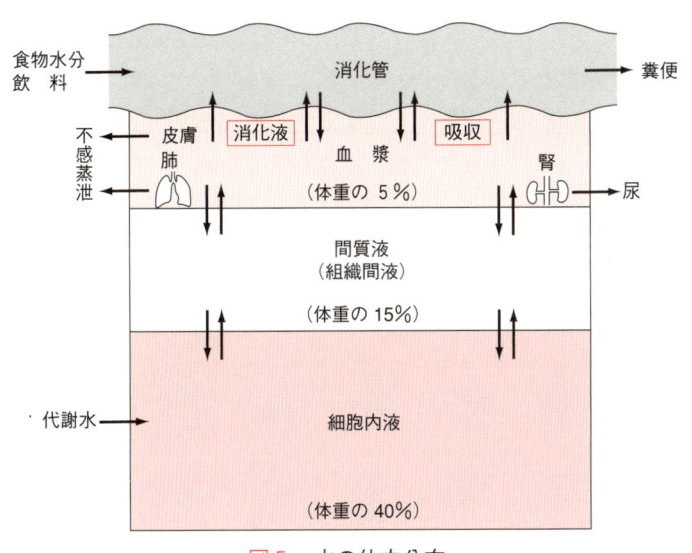

図5　水の体内分布

水のおもな役割

細胞内液は，① 多くの物質を溶かす溶媒となる，② 化学(酵素)反応を行う場を提供する，③ 細胞形態を維持する，などの役割を果たしてい

る.

一方,細胞外液の間質液は,細胞内液との電解質バランスを維持して,浸透圧の平衡を保ち,血漿は,酸素,栄養素,老廃物,ホルモンなどの運搬にあたっている.そのほか水は食物の消化の場を提供したり,体温の調節に関与したり,重要な働きを担っている.

水の収支バランス

私たちは尿や糞便,発汗,呼気により,1日約 2.5 ℓ 以上の水を体外に排出している.この失った水は,飲料や食物から補わなければならない(図6).

水の排泄において,もっとも重要な役割を果たしているのが腎臓である.腎臓は1日に 1.5 ℓ 程度の尿を生成して,体外に排泄している.この尿のなかには,不可避尿とよばれる体内で生じた老廃物を排泄するために必要な尿が約 0.5 ℓ 含まれている.この尿は,水分摂取の有無にかかわらず排泄される尿で,避けることができない水の喪失となる.また,不感蒸泄(insensible perspiration)とよばれる呼気や皮膚からの蒸散も1日に約 0.9 ℓ ある.これも同様に避けることはできない.したがって,ヒトが生きてゆくためには1日に約 1.4 ℓ の水が最低必要になる.

> **Keyword**
> ヒトが生きてゆくためには,1日最低 1.3 ℓ の水が必要

水が欠乏するとどうなる？

出血,下痢,高熱,火傷などによる脱水症(dehydration)は,いずれも体内の正常な水のバランスを壊し,身体機能の低下を招き,私たちの生

代謝水

体内で,糖質,脂質,タンパク質の各栄養素が酸化されたときに生じる水のことを代謝水という.代謝水の生成量は各栄養素により異なる.

(例)糖質(グルコース:$C_6H_{12}O_6$,分子量 180)

$C_6H_{12}O_6 + 6O_2 \rightarrow 6CO_2 + 6H_2O$

1モルのグルコース(180 g)から6モルの水($6 \times 18 = 108$ g)が生成するので,グルコース 100 g が酸化されたときに生じる代謝水は,

108(g)× 100(g)/ 180(g)= 60(g)となる.

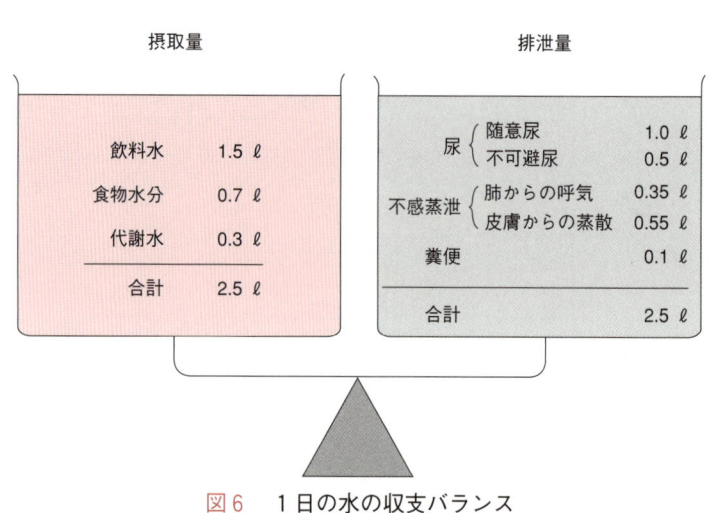

摂取量		排泄量		
飲料水	1.5 ℓ	尿	随意尿	1.0 ℓ
食物水分	0.7 ℓ		不可避尿	0.5 ℓ
代謝水	0.3 ℓ	不感蒸泄	肺からの呼気	0.35 ℓ
			皮膚からの蒸散	0.55 ℓ
		糞便		0.1 ℓ
合計	2.5 ℓ	合計		2.5 ℓ

図6　1日の水の収支バランス

命をあやうくする．体重の1％程度の水が失われると，のどの渇きをおぼえ，このとき水分補給をしなければ脱水症状に陥る．10％の水が失われると重い脱水症を起こし，20％に達すると命取りになる(図7)．

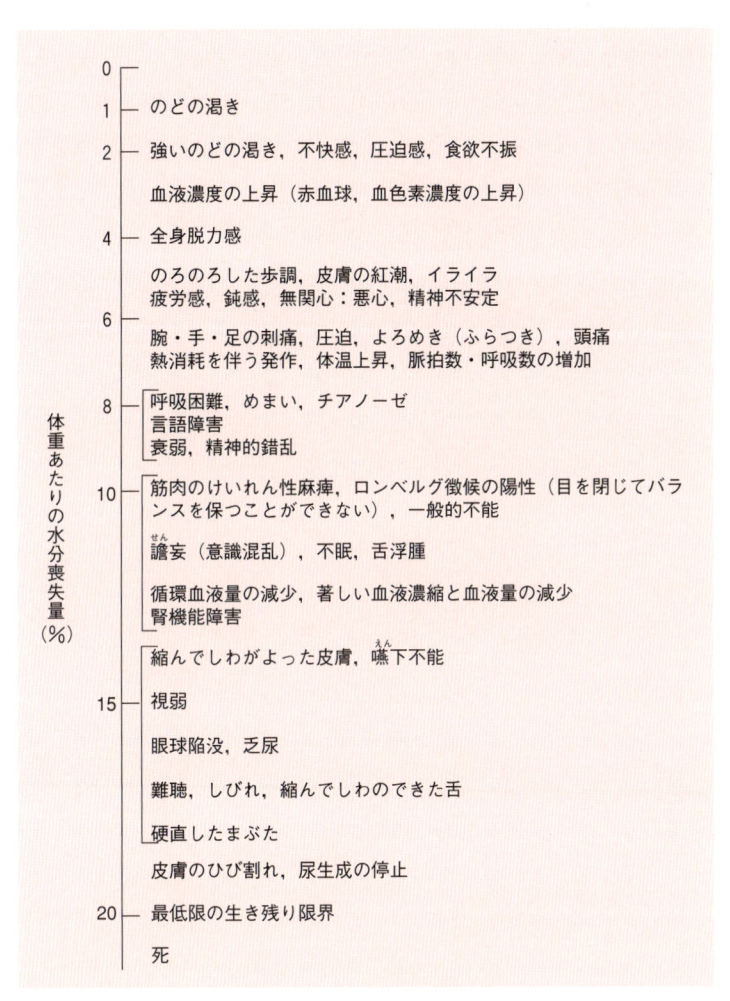

図7 水分の喪失量と症状

Briggs and Calloway, "Nutrition and Physical Fitness", Holt Rinehart Winstion (1984), p.319.

Keyword
体重あたり20％の水分喪失は命取り

章末問題

1. タンパク質は何からできているか．

2. 中性脂肪は，酵素（ ① ）により，（ ② ）と（ ③ ）に分解されて，（ ④ ）から吸収される．

3. 生体内で，エネルギー源として脂質が酸化分解すると，水が生成する（代謝水）．ステアリン酸（$C_{18}H_{36}O_2$，分子量284）1 g から，何 g の代謝水が生成するか．下の化学反応式を参考にして，求めなさい．

    $C_{18}H_{36}O_2 + 26O_2 \rightarrow 18CO_2 + 18H_2O$

第5章

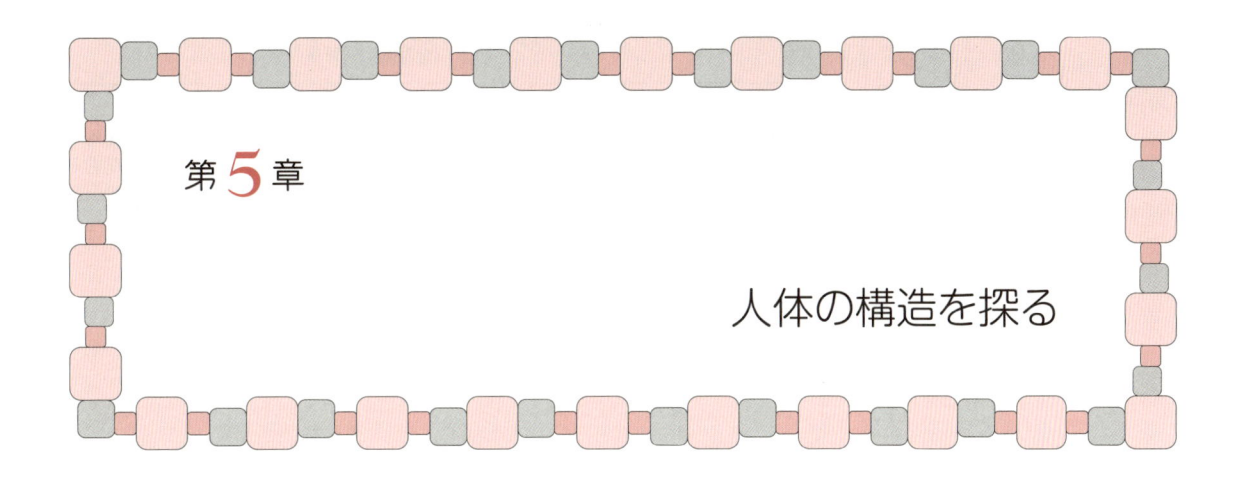

人体の構造を探る

　人体は約60兆個の細胞から成り立っている．その一つ一つの細胞の生命活動を支えているのが血液である．
　ここでは，人体のつくりと血液の働きについて解説する．

1　人体のつくり

　第2章で述べたとおり，人体を構成している最小単位は**細胞**（cell）である．同種の細胞同士が集まると，**組織**（tissue）という構成単位が生まれる．さらに組織は寄り集まり，特定の機能をもった**器官**（organ　臓器）を構成する．そして，いくつかの器官が系統立てて集まり，調和のとれた**器官系**（organ system）が構築される．これらの器官系が統合されたかたちが**個体**（individual），すなわち人体である．

人体の組織と働き

　人体の組織は，細胞と細胞間質からなり，上皮組織，支持組織，筋組織，神経組織に分類される．各組織の特徴とその働きについては，すでに第2章で詳しく述べているので，ここでは表1にまとめておく．

器官の特徴と働き

　器官は消化，呼吸，循環などといった生理機能を担い，器官ごとに機能を分担している．各器官の特徴とその働きについては，図1にまとめて示した．

表1 いろいろな組織と働き

組織	分布と働き
上皮組織	体の外表面や消化器などの内表面を覆う細胞集団．細胞が密に接着し，細胞間のすき間が少ない．体表の保護，分泌，吸収，感覚などの機能をもつ．
支持組織	
結合組織	組織や器官の間にあって，それらを連結させたり，隔離したりする．細胞間のすき間が多く，そこに多量の水分や塩分を保持する．
軟骨組織	結合組織と同様に細胞間のすき間が多く，そこには繊維性タンパク質のコラーゲンとカルシウムが多く含まれ，外圧に対して優れた抵抗力を示す．
骨組織	細胞間のすき間にはコラーゲンのほか，カルシウムと親和性が高いタンパク質とともにリン酸カルシウムを多く含み，骨格系の主体をなす．
筋組織	細長い筋細胞からなる組織で，収縮能力をもつ．線維性タンパク質のアクチン，ミオシンを含む．
神経組織	神経系を構成し，興奮を伝える性質が発達した組織．神経細胞は核を含む神経細胞体と神経線維よりなり，まとめてニューロンとよぶ．

器官系の特徴と働き

同じ機能ををもった器官同士が協調して働く器官系には，消化器系，呼吸器系，循環器系などがある．各器官系の特徴とその働きについては，表2にまとめて示した．

表2 器官系の種類と機能

器官系	おもな器官	おもな働き
消化器系	口腔，胃，小腸，大腸，肝臓，膵臓	食物の消化と吸収
呼吸器系	肺臓	酸素と二酸化炭素の交換
循環器系	心臓，血管，リンパ管	血液とリンパ液の循環
泌尿器系	腎臓，膀胱，尿道	水と老廃物の排泄
生殖器系	生殖器，輸精管，輸卵管，子宮	種族保存のための生殖
内分泌系	脳下垂体，甲状腺，副腎，膵臓，性腺	ホルモンの合成と分泌
神経系	脳，延髄，脊髄，自律神経，体性神経	刺激の伝達と調節
感覚器系	目，耳，鼻，舌，皮膚	刺激の受容
筋骨格系	筋肉，骨格，関節	体支持，運動，造血

血漿
血液に抗血液凝固剤（ヘパリン，クエン酸ナトリウムなど）を加えて遠心分離を行い，血球成分を沈殿物として取り除いた後の上澄み画分のこと．

2　血液の働き

体重のおよそ8％（約13分の1）を占める血液（blood）は，血漿（blood plasma）成分（液体）と血球（blood cell）成分（赤血球，白血球，血小板）から成り立っている（図2）．血液のもつおもな働きを表3にまとめた．

2 血液の働き

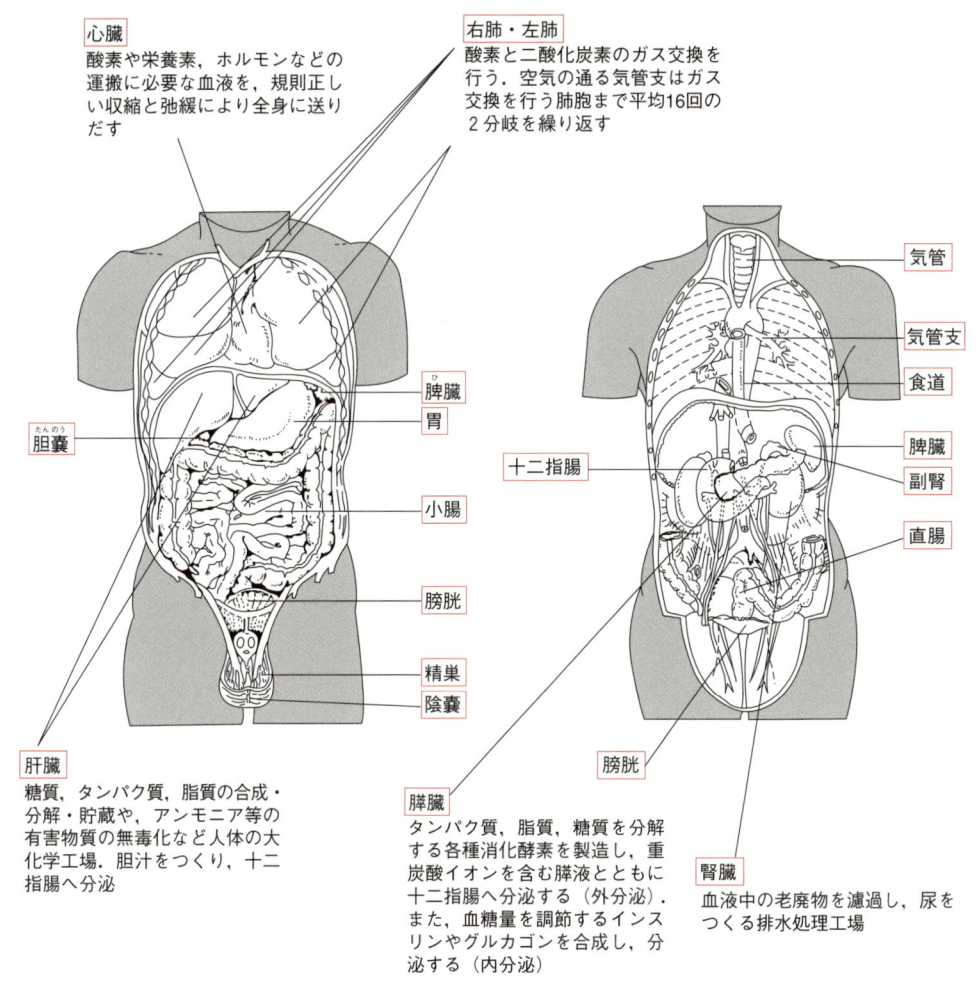

心臓
酸素や栄養素，ホルモンなどの運搬に必要な血液を，規則正しい収縮と弛緩により全身に送りだす

右肺・左肺
酸素と二酸化炭素のガス交換を行う．空気の通る気管支はガス交換を行う肺胞まで平均16回の2分岐を繰り返す

脾臓
胃
胆嚢（たんのう）
小腸
膀胱
精巣
陰嚢

気管
気管支
食道
十二指腸
脾臓
副腎
直腸
膀胱

肝臓
糖質，タンパク質，脂質の合成・分解・貯蔵や，アンモニア等の有害物質の無毒化など人体の大化学工場．胆汁をつくり，十二指腸へ分泌

膵臓
タンパク質，脂質，糖質を分解する各種消化酵素を製造し，重炭酸イオンを含む膵液とともに十二指腸へ分泌する（外分泌）．また，血糖量を調節するインスリンやグルカゴンを合成し，分泌する（内分泌）

腎臓
血液中の老廃物を濾過し，尿をつくる排水処理工場

図1　おもな器官とその働き

血液
- 血漿成分（約55%）
  - 水（約90%）
  - 電解質（0.9%）
  - 有機物
    - タンパク質（7%）
    - 糖質（0.1%）
    - 脂質（1%）
    - 老廃物
- 血球成分（約45%）
  - 血小板（15〜35万/μℓ）
  - 白血球（4,000〜9,000/μℓ）
  - 赤血球（380〜550万/μℓ）

抗血液凝固剤を加えて，遠心分離した血液

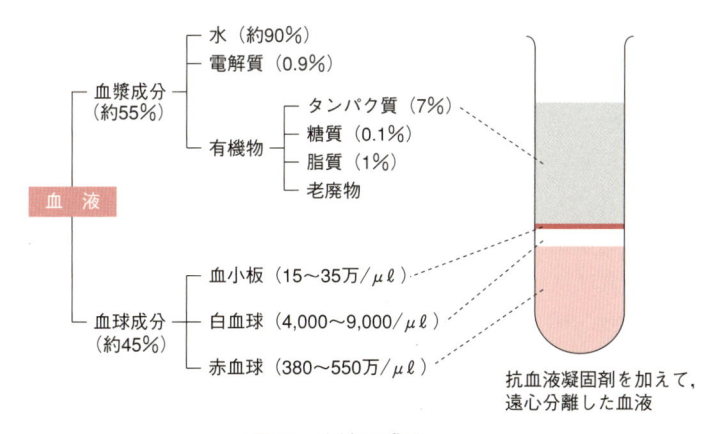

図2　血液の成分

血清
血液凝固後の液体成分を血清とよび，血清は血漿からフィブリノーゲンおよび一部の凝固因子が除かれたものである．

血餅
血球成分と血液凝固にかかわったフィブリノーゲンと一部の凝固因子を含んだ塊のこと．

骨髄
血球成分を生成する造血細胞．とくに頭蓋骨，脊椎骨，胸骨，肋骨，腸骨などの扁平骨や大腿骨近位部の骨髄では血球生成が盛んである．

Keyword
血液量：体重の約8％（約$\frac{1}{13}$）

表3 血液のおもな働き

① 酸素（肺 → 組織）：二酸化炭素（組織 → 肺）の運搬
② 栄養素の運搬（門脈系：消化管 → 肝臓，体循環系：肝臓 → 組織）
③ 老廃物（最終代謝産物）の運搬
④ 生体内部環境の恒常性の維持・調節：pHや膠質浸透圧の維持，体温や水分量の調節，出血の防止（血液凝固）
⑤ 生体の防御（免疫機能）

血球の分化

すべての血球は，骨髄（bone marrow）にある多能性幹細胞（造血幹細胞）から生じる．多能性幹細胞は骨髄系幹細胞とリンパ系幹細胞に分化し，骨髄系幹細胞からは赤血球，白血球，血小板が，リンパ系幹細胞からはリンパ球が生成する（図3）．

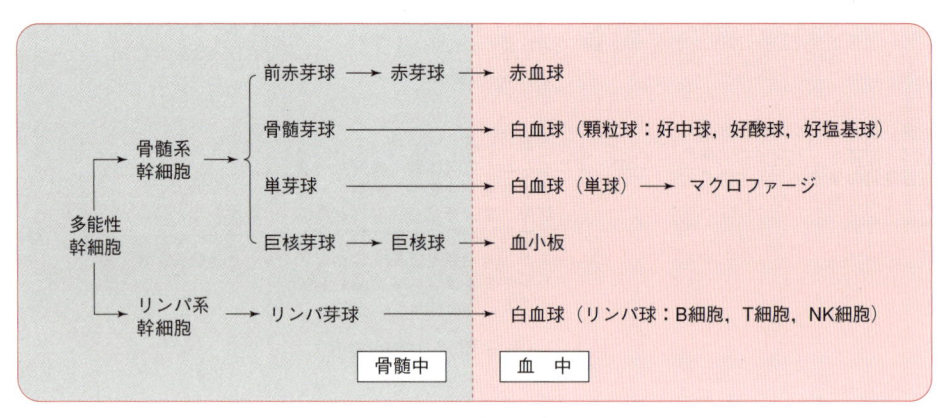

```
                     ┌ 前赤芽球 → 赤芽球 → 赤血球
                     │
              骨髄系 ├ 骨髄芽球 ─────→ 白血球（顆粒球：好中球，好酸球，好塩基球）
              幹細胞 │
         ┌──→       ├ 単芽球 ─────→ 白血球（単球）→ マクロファージ
 多能性  │           │
 幹細胞 ─┤           └ 巨核芽球 → 巨核球 → 血小板
         │
         └──→ リンパ系 → リンパ芽球 ─→ 白血球（リンパ球：B細胞，T細胞，NK細胞）
              幹細胞
                       骨髄中        血中
```

図3 血球の分化

造血因子
エリスロポエチン，コロニー形成刺激因子などのホルモンやインターロイキンなどのサイトカインが造血因子として機能する．

未分化の多能性幹細胞から必要に応じて，速やかに特定の血球細胞が分化・成熟できるのは，いろいろなホルモンやサイトカインなどの造血因子が働いているためである．

血球成分

血球成分は血液の約45％を占め（図2参照），骨髄でつくられ，寿命が尽きた赤血球は脾臓（spleen）で破壊される．

（1）赤血球

赤血球（erythrocyte）は両面中央部がへこんだ，直径およそ7〜8μm，厚さおよそ1〜2μmの円盤状の細胞で，赤血球の平均寿命は120日程度である（図4）．赤血球には，核やミトコンドリアなどの細胞内小器官が

なく，細胞質基質（細胞質ゾル）だけの細胞である．赤血球の役割は酸素の運搬にある．赤血球の細胞質基質には酸素運搬を担う**ヘモグロビン**（hemoglobin）が多数含まれており，ヘモグロビンは肺で受け取った酸素を全身の細胞に送り届けている．

　赤血球の機能異常は赤血球の形態的変化を伴うものが多く，とくにヘモグロビンの構造異常による**鎌状赤血球貧血**（sickle cell anemia）は有名である（図5）．鎌状となった赤血球は柔軟性がなく，末梢組織の毛細血管を通り抜けることができずに毛細血管の閉塞の原因となる．また，**鎌状赤血球**の膜は元々もろく，溶血しやすい．このため，鎌状赤血球の寿命は短く，鎌状赤血球貧血のヒトは溶血性の**貧血**（anemia）となる．

（2）白血球

　白血球（leukocyte）は核をもち，赤血球よりも大きな細胞である．白血球には，顆粒球，単球，リンパ球の三種類がある．顆粒球はさらに細胞内顆粒の染色性の違いから，好中球，好酸球，好塩基球に分類される．白血球の種類とその機能については，図6にまとめて示した．

　白血球は病原体などから生体を守る防御機能（免疫機能）をもつ血球であるが，それについては，第6章で詳しく述べる．

ヘモグロビン
赤色をした色素タンパク質で，グロビンというタンパク質にヘムという鉄を含む分子が結合したもの．

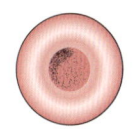

図4　赤血球の形態

鎌状赤血球貧血
ヘモグロビンを構成するグロビンタンパク質のβ鎖をコードする遺伝子（DNA）の点突然変異によって起こる先天性の遺伝病．第8章を参照．

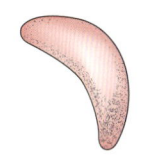

図5　鎌状赤血球の形態

白血球の種類	顆粒球			単球	リンパ球
	好中球	好酸球	好塩基球		
存在比率	50〜70%	1〜2%	<1%	約5%	約30%
直径	10〜16μm	10〜16μm	12〜18μm	15〜20μm	6〜16μm
数	5000〜9000個／mm³				
寿命	5〜6日（ただし，好中球では約10時間ともいわれる）				10〜20日（長いものでは，数カ月〜数年）
機能	細菌感染からの防御	寄生虫感染からの防御	アレルギー反応	異物の貪食	B細胞　抗体の産生 T細胞　免疫反応の制御 NK細胞　ウイルス感染細胞の排除

図6　白血球の種類と機能

（3）血小板

血小板(platelet)は直径2〜3μmの無核の円盤状の細胞の小片である．血小板は骨髄にある巨核球で生成され，寿命はおよそ1週間である．

血小板には，破れた血管壁を真っ先に塞ぎ，出血を食い止める**止血作用**(hemostasis)がある．血小板は破れた血管の内皮細胞に接着し，さらに血小板同士が凝集して血栓を形成する（図7）．また，血小板には血管収縮作用もある．両方の作用が相まって止血効果が発揮されるが，血小板による止血はあくまでも一時的なものである．したがって，血小板による止血を**一次止血**とよび，血漿中の血液凝固因子および血小板因子（プロトロンビン，フィブリノーゲンなど）によって血液凝固が起こり，完全に止血が完了する**二次止血**とは区別している．

> **Keyword**
>
> 血球成分 ┤赤血球：酸素運搬
> 　　　　 ├白血球：免疫機能
> 　　　　 └血小板：止血作用

血漿の働き

血漿(blood plasma)はやや黄色みを帯びた透明な液体で，血液の約55%を占めている．その成分の約90%は水で，その中にタンパク質，脂質，および糖類などの有機物や電解質などが溶解している（図2参照）．

血漿は，物質運搬，生体内の内部環境の維持，血液凝固，生体防御など生命維持の根幹をなす機能を担っている．血漿の機能については，表3に示した．

血漿の緩衝作用

血液のpHは，7.4±0.05（7.35〜7.45）の範囲内で，常に一定に保たれている．血液のpHが7.35を下回って酸性側に傾いた状態を**アシドーシス**(acidosis)，7.45を上回ってアルカリ性側に傾いた状態を**アルカローシス**(alkalosis)とよび，どちらも病的な状態だといえる（図8）．

生体内では日々，細胞の代謝活動によって大量のH^+（酸性物質）が生じており，血液は酸性側に傾きやすいが，これを解消する機構が血漿中には備わっている．この機構を**緩衝系**(buffer system)とよぶ．

血液中に過剰に入り込んだH^+が，血漿中のHCO_3^-（重炭酸イオン）と反応して中和されるしくみのことをとくに**重炭酸緩衝系**とよぶ．そのほか，過剰のH^+は腎臓を経て尿中にも排泄される．また，腎臓はHCO_3^-を再吸収して，血漿から失われたHCO_3^-を補う役目も果たしている．

血液のpH
血液のpHが6.8以下，もしくは7.8以上になると，生体内の生命活動は停止し，死に至る．

緩衝系
酸またはアルカリの添加によるpHの変化を和らげ，添加された酸またはアルカリの影響を減らすしくみのこと．

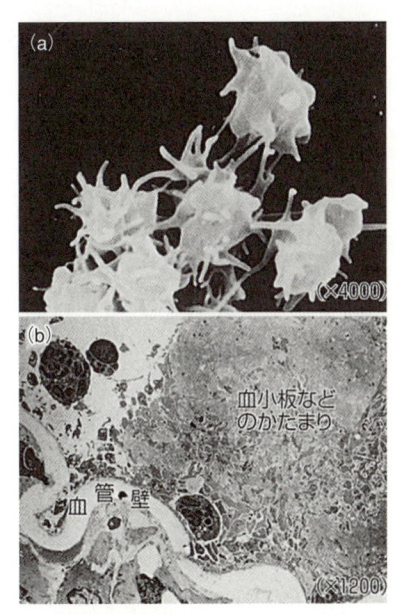

図7 血小板による血管の止血

血管が傷つくと，傷口に血小板が変形(a)しながら集まってきて傷口をふさぐ(b).「高等学校新編生物Ⅰ」，太田次郎・本川達雄　編，(株)新興出版社啓林館(2002)，p.134.

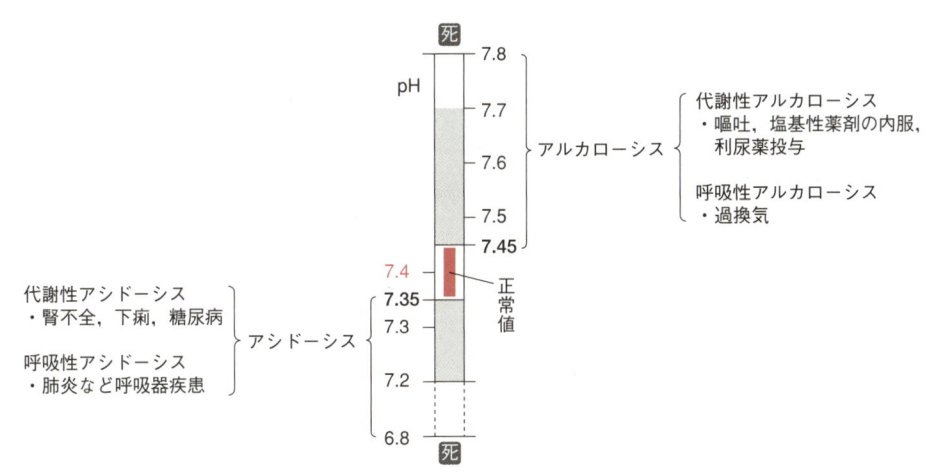

図8 アシドーシスとアルカローシス

原因が呼吸性によるものと代謝性によるものとがある．

　緩衝作用の際には血液中に多量のCO_2が生じるが，CO_2は肺から呼気として排出される．このように血漿中の緩衝系，肺，腎臓の協同作用によって，血液の酸性化は防がれている(図9)．

　血液の緩衝系には，ここで紹介した重炭酸緩衝系のほか，リン酸緩衝系，血漿タンパク緩衝系，およびヘモグロビン緩衝系などがあり，これ

らの緩衝系が血液 pH の補正に重要な役割を果たしている．

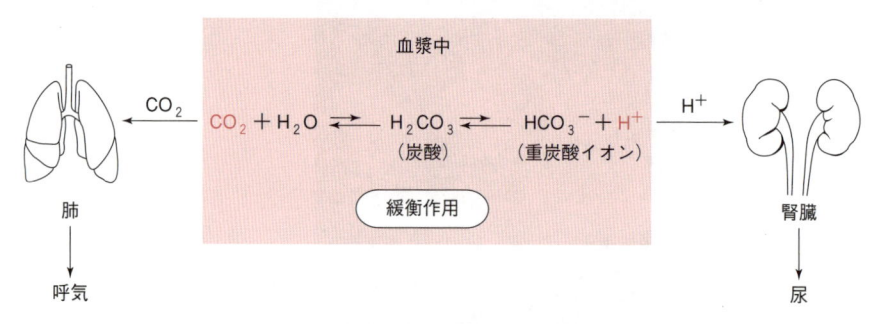

$$CO_2 + H_2O \rightleftharpoons H_2CO_3 \rightleftharpoons HCO_3^- + H^+$$

（炭酸）　　　（重炭酸イオン）

血漿中　緩衝作用

肺 → 呼気　　腎臓 → 尿

図9　血液の緩衝作用（重炭酸緩衝系）

肝臓疾患の指標酵素

健康時にはアスパラギン酸アミノトランスフェラーゼ（AST，別名GOT）やアラニンアミノトランスフェラーゼ（ALT，別名GPT）は肝細胞内に多く分布し，血中にはほとんど存在していない．このため，ASTやALTの血中濃度の上昇は，肝細胞が破壊されていることを意味し，肝臓疾患が疑われる．ASTやALTのように，通常細胞内にあって，細胞の損傷によって血中に出現する酵素のことを逸脱酵素と呼ぶ．

Keyword
血液の pH は 7.4 ± 0.05（7.35 〜 7.45）の範囲内

血液検査

　血液の組成は，健康時には大きく変化することはなく，ほぼ一定に保たれている．ところが，感染症にかかったり，臓器の損傷などによって，健康時には見られない成分（酵素タンパク質など）が血液中に現れたり，血液組成に量的な変化が生じたりする．このため，血液を検査することは疾患の早期発見や病態を知るための有効な手段となる．
　なお参考までに，巻末に血液検査の基準値を掲載した．

Column

無理なダイエットをしていませんか？

　あなたは無理なダイエットをしていませんか？無理な食事制限は，あなたの血液を酸性に変えてしまいますよ．
　食事制限により糖質が不足し，低血糖状態に陥ると，私たちのからだは，体タンパク質を温存し，糖質の代わりに，脂肪酸をエネルギー源として利用する．脂肪細胞から大量の脂肪酸が血液を介して肝臓に送り届けられると，そこで脂肪酸から大量のケトン体が合成され，血中に放出される．ケトン体は心筋，骨格筋，脳などの肝外組織でエネルギー源として利用されるが，過剰のケトン体は尿中に排泄される（ケトン尿）．ケトン体のアセト酢酸，β-ヒドロキシ酪酸，アセトンは酸性物質であるため，血中ケトン体濃度が高まると，血液は酸性に傾き，呼気はアセトン臭を帯びる（ケトアシドーシス）．このような状態が長期間続くと，昏睡状態に陥り，やがて死へと向かう危険性がある．無理なダイエットは慎むべきである．

Column

血液型と科学捜査：ABO式血液型

1901年，オーストリア人のカール・ランドシュタイナー（Karl Landsteiner）によって，ABO式血液型が発見された．ABO式血液型は，各人の赤血球膜の表面にある糖タンパク質の糖鎖の違いによって，A型，B型，O型，AB型を判定している．

通常，同じ血液型同士の輸血は許されているが，異なる血液型同士の輸血は禁止されている．なぜならば血液型が異なると，互いの赤血球は抗原と見なされ，互いの抗体によって攻撃を受ける．これを抗原抗体反応という．その結果，赤血球は凝集し，溶血する．血液型不適合の輸血を受けた受血者には，呼吸困難，発熱，黄疸，血液降下などの症状が現れ，重篤な場合死に至ることもある．

血液型検査では，被験者の血球と抗A血清（A型抗原に対する抗体を含む血清）または抗B血清（B型抗原に対する抗体を含む血清）を混ぜて赤血球凝集の有無を調べて，被験者の赤血球上の抗原を判定する「おもて試験」と，被験者の血清にA型血球またはB型血球を混ぜて赤血球の凝集の有無を調べて，被験者の血清中の抗体を判定する「うら試験」を行い，両方が一致することで血液型が決定される．

現在では，血液以外にも涙，汗，唾液，尿，精液などの体液や毛髪，爪，歯，骨，皮膚などの身体組織からも血液型判定ができるようになっており，科学捜査の現場では，血液型の判定結果は犯人の絞り込みに有力な手段となっている．

反応試薬	おもて試験		うら試験	
	抗A血清	抗B血清	A型血球	B型血球
A 型	凝集 (+)	凝集 (−)	(−)	(+)
B 型	(−)	(+)	(+)	(−)
O 型	(−)	(−)	(+)	(+)
AB型	(+)	(+)	(−)	(−)

章末問題

1. 人体を構成している最小単位は（ ① ）である．（ ① ）が集まり（ ② ）をつくり，さらに（ ② ）が集まり（ ③ ）が形成される．（ ③ ）が集まると（ ③ ）系ができ，（ ③ ）系が統合されたかたちが（ ④ ）である．

2. 赤血球の役割について述べなさい．

3. 白血球細胞は何種類あるか．また，白血球の役割とは何か．

4. 血小板の役割について述べなさい．

5. 血液のpHは，（ ① ）±（ ② ）の範囲内で，一定に保たれている．この血液のpHは，血漿中の（ ③ ）緩衝系，（ ④ ）(呼吸)，（ ⑤ ）(代謝)の働きによって，正常範囲内に保たれている．血液のpHが酸性側に傾いた状態を（ ⑥ ）とよび，アルカリ性側に傾いた状態を（ ⑦ ）とよび，どちらも病的な状態である．

第6章 からだの調節のしくみ

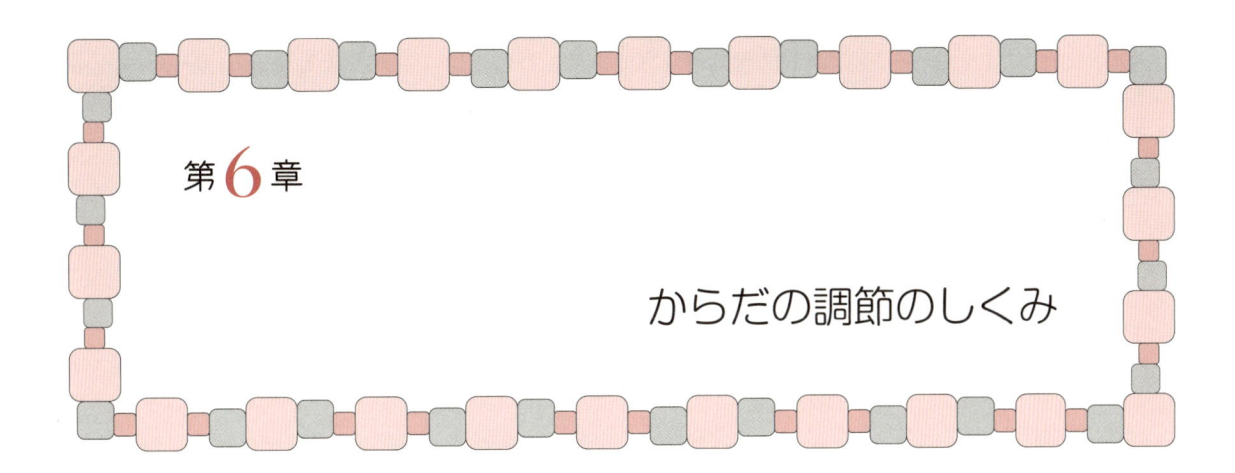

　ヒトを含めた生物は外部環境が変化しても，生体内の内部環境は変化しないように，独自の調節機構をもっている．このような生物が内部環境を維持しようとする性質を**恒常性**（**ホメオスタシス**）という．ヒトの体内では，恒常性の維持のために神経系および内分泌系が重要な役割を果たしている．

ホメオスタシス
（homeostasis）
「homeo ＝ 類似の」と「stasis ＝ 安定状態」からなる造語で，「生物が体内環境の変化を一定の範囲内に収めて生命を維持していること」，すなわち「恒常性の維持」を意味する用語．

1　神経系による調節

　神経系（nerve system）は外部環境の変化（情報）を生体内に伝える，いわ

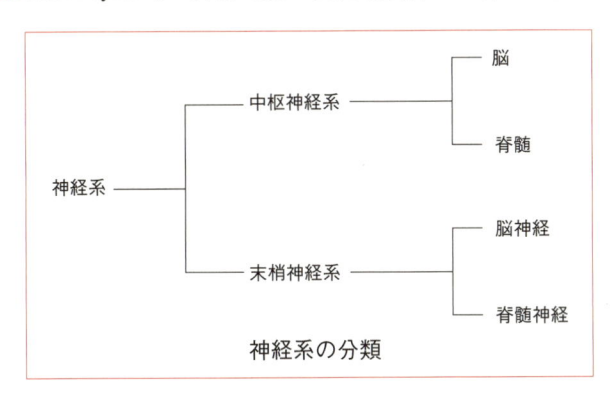

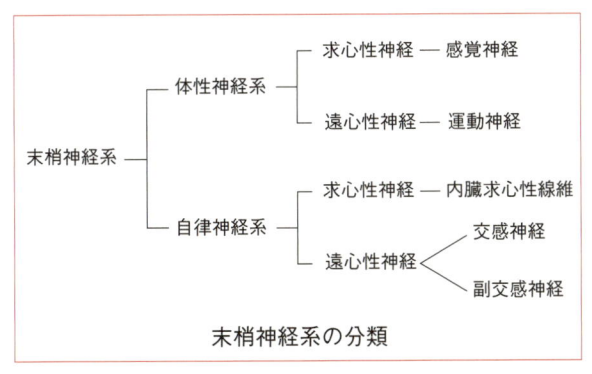

```
神経系 ─┬─ 中枢神経系 ─┬─ 脳
        │              └─ 脊髄
        └─ 末梢神経系 ─┬─ 脳神経
                       └─ 脊髄神経
```
神経系の分類

```
末梢神経系 ─┬─ 体性神経系 ─┬─ 求心性神経 ─ 感覚神経
            │              └─ 遠心性神経 ─ 運動神経
            └─ 自律神経系 ─┬─ 求心性神経 ─ 内臓求心性線維
                           └─ 遠心性神経 ─┬─ 交感神経
                                          └─ 副交感神経
```
末梢神経系の分類

ゆる情報処理器官である．神経系は，**中枢神経系**（central nervous system　脳，脊髄）と，中枢神経から発して全身に広く分布する**末梢神経系**（peripheral nervous system　感覚神経，運動神経）の二つに分類されるが，ホメオスタシスに関係している神経系は末梢神経系である．末梢神経系は，さらに体性神経系と自律神経系とに分類されるが，内部環境の維持に重要な役割を果たしているのは**自律神経系**（autonomic nervous system）である．

自律神経系は平滑筋，心筋および腺などに分布して，消化や循環，呼吸，分泌，代謝，排泄，および体温調節など，生命活動の根幹をなす基本的な機能を調節しており，私たちの意志や意識とは無関係に働く，不随意神経系である（図1）．

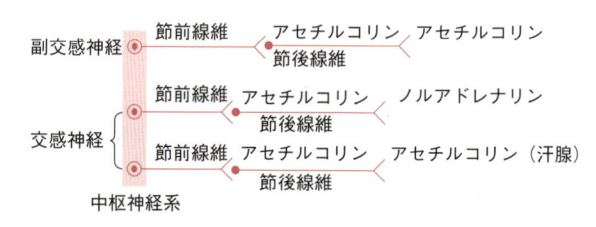

図1　自律神経における神経伝達物質

中枢（脳，脊髄）から自律神経に達するニューロン（神経細胞）を節前線維（節前神経）とよび，自律神経節より末梢の神経線維を節後線維（節後神経）とよぶ．副交感神経系の場合，節前・節後の線維末端から放出される神経伝達物質はアセチルコリンである．一方，交感神経系では，節前線維末端からはアセチルコリンが，節後線維末端からはノルアドレナリンが放出される．ただし，例外として，汗腺支配の交感神経節後線維末端からはアセチルコリンが放出される．

また，自律神経系には，**交感神経系**（sympathetic nervous system）と**副交感神経系**（parasympathetic nervous system）があり，互いに拮抗的に働くことで，からだの恒常性を維持している（図2，表1）．

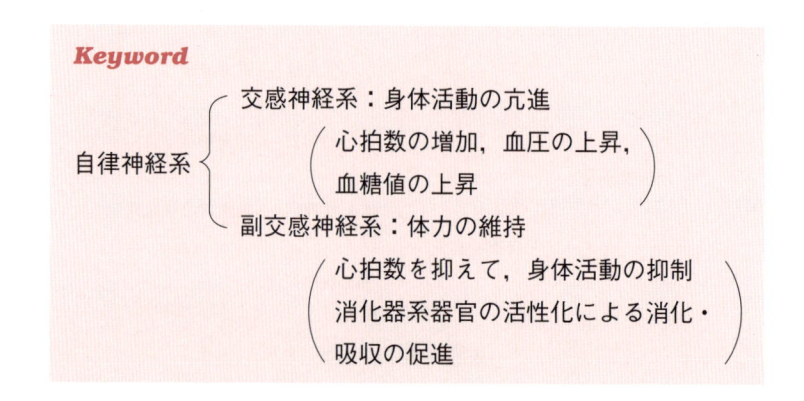

> **Keyword**
> 自律神経系
> ├ 交感神経系：身体活動の亢進
> │　（心拍数の増加，血圧の上昇，血糖値の上昇）
> └ 副交感神経系：体力の維持
> 　　（心拍数を抑えて，身体活動の抑制　消化器系器官の活性化による消化・吸収の促進）

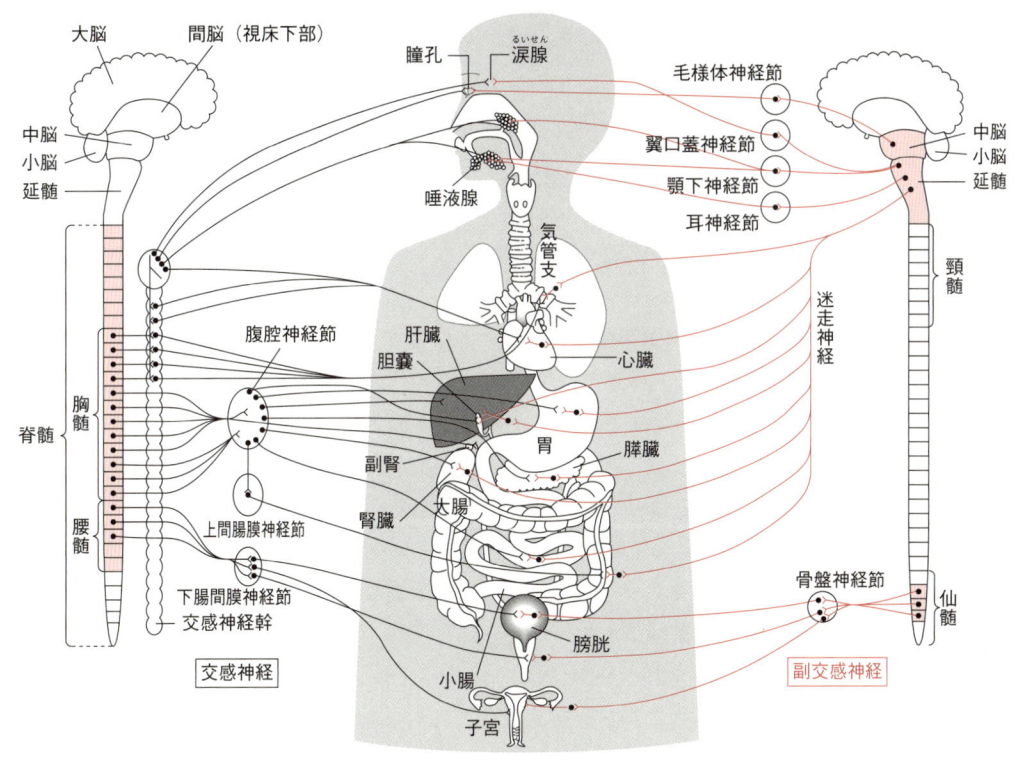

図2　自律神経系

「高等学校新編生物Ⅰ」，太田次郎・本川達雄編，(株)新興出版社啓林館(2002)，p.141 の図をもとに作成．

表1　自律神経の働き

		交感神経	副交感神経
瞳　孔		散　大	縮　小
涙　腺		分泌抑制	分泌促進
唾液腺		分泌促進，濃く粘る	分泌促進，薄いが大量
心　臓	心拍数	増　加	減　少
	拍出量	増　大	減　少
血　管		収　縮	拡　張
冠動脈		拡　張	収　縮
気管支		弛　緩	収　縮
胃	運　動	抑　制	亢　進
	分　泌	減　少	増　加
小腸・大腸		運動抑制	運動亢進
膵　臓		分泌抑制	分泌増加
胆　嚢		弛　緩	収　縮
副腎髄質		分泌亢進	－
膀　胱		排尿抑制	排尿促進
妊娠子宮		収　縮	弛　緩
汗　腺		分泌促進	－
立毛筋		収　縮	－

－：副交感神経が分布していないことを示す．

2　内分泌系による調節

内分泌系は，ホルモン（hormone）とよばれる特定の内分泌腺からつくられる化学伝達物質によって制御されている．ホルモンとは，体内にある細胞でしかつくられない化学物質で，血流を介して標的細胞（器官）に到達し，血糖調節などの代謝活動の調節に寄与している．図3にヒトのおもな内分泌腺と分泌されるホルモン，およびそれらの作用について示す．

ホルモンの作用機序

ホルモンは標的細胞内の特定の代謝活動を調節することで，自らの生理作用を発現させる．ホルモンが微量で，かつ標的細胞にのみ作用を及ぼすことができるのは，標的細胞が特定のホルモンとだけ特異的に結合する受容体をもっているためである．このホルモン受容体には細胞膜上にあるものと細胞内にあるものとがあり，ホルモンの性質が水溶性か脂溶性かによって，その作用機序が異なる．

（1）水溶性ホルモンの場合

水溶性ホルモンには，ペプチドホルモンやアミン系ホルモンのカテコールアミンなどがあり，これらは細胞膜を通過することができない．このようなホルモンは細胞膜上の受容体に作用する．ホルモンが受容体に結合すると，膜中のGタンパク質が活性化し，ついでアデニル酸シクラーゼ（adenylate cyclase）が活性化する．アデニル酸シクラーゼによって合成されたcAMP（cyclic adenosine 3′, 5′ - monophosphate，サイクリックアデノシン一リン酸）はセカンドメッセンジャーとして働き，cAMP依存性プロテインキナーゼA（Aキナーゼ）に結合して，この酵素を活性化する．

活性化されたAキナーゼは，細胞内の不活性型酵素をリン酸化して，活性型酵素へと変換する．さらに活性型となった酵素は，別の不活性型酵素をリン酸化して活性型酵素へと順次変えていく．このようにして水溶性ホルモンは，細胞内の酵素タンパク質を段階的に活性化して，細胞の代謝活動を制御している（図4）．

（2）脂溶性ホルモンの場合

一方，脂溶性ホルモンには，ステロイドホルモンやアミン系ホルモンの甲状腺ホルモンなどがあり，これらは細胞膜を通過することができる．細胞膜を通過したホルモンは細胞内の受容体と結合する．このホルモン—受容体複合体は核内に入ると，DNAと結合して転写調節因子として働き，特定のmRNAの合成を促進する．その結果，特定の（酵素）タンパク質の生合成が高まり，細胞内の代謝活動が盛んになる（図5）．

ホルモンの種類
ペプチドホルモン，ステロイドホルモン，アミン系ホルモンに分類される．

アミン
アンモニア（NH_3）の水素原子（H）が1個，2個，3個と置換した化合物のこと．それぞれ第1級アミン，第2級アミン，第3級アミンとよぶ．

内分泌攪乱化学物質
（外因性内分泌攪乱化学物質）
日本では，しばしば環境ホルモン（日本でつくられた造語）とよばれる．内分泌攪乱化学物質は，「環境中に見いだされ，ホルモンに似た作用を示す人工の化学物質」である．これは，体内で本物のホルモンのようにふるまい，内分泌系を攪乱し，生物の生理機能（生殖，発育障害）に重大な影響を及ぼすとされている．

カスケード反応
ホルモンの生理作用は，ホルモンの情報が順次伝達されて発現する．ホルモンの情報伝達のしくみは，ちょうど水が数段からなる滝（カスケード）を次つぎに流れ落ちていく様を連想させるので，カスケード反応とよばれる．

カテコールアミン
カテコール核をもつアミンのこと．副腎髄質ホルモンのアドレナリン，ノルアドレナリン，ドーパミンなどがある．

ステロイドホルモン
ステロイド核をもつホルモンのこと．コレステロールから合成される．副腎皮質ホルモン，性ホルモンがある．

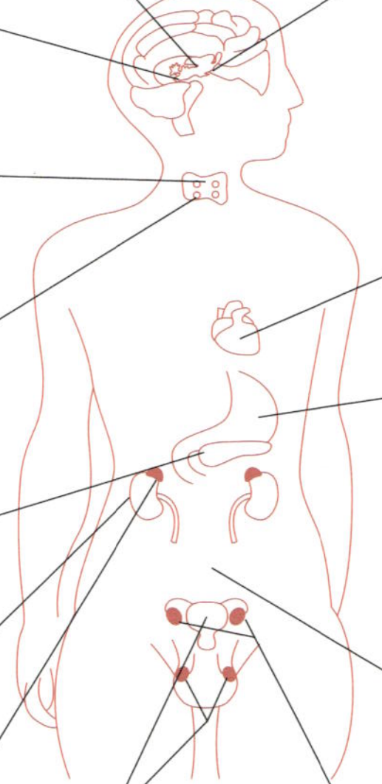

脳下垂体

前葉
- 成長ホルモン(ソマトトロピン, GH)　タンパク質の合成, 骨組織発育
- プロラクチン(PRL)　乳汁の分泌促進, 妊娠の維持
- 甲状腺刺激ホルモン(TSH)　甲状腺ホルモンの分泌促進
- 黄体形成ホルモン(LH)　排卵と黄体形成
- 卵胞刺激ホルモン(FSH)　卵胞の発育促進, 精子形成
- 副腎皮質刺激ホルモン(ACTH)　糖質コルチコイドの分泌

中葉
- メラニン色素細胞刺激ホルモン(MSH)　皮膚の色素沈着

後葉
- 抗利尿ホルモン(バソプレッシン, ADH)　水分の再吸収促進, 血圧上昇
- オキシトシン　出産, 乳汁の分泌促進

心臓
- 心房性ナトリウム利尿ペプチド(ANP)　ナトリウムの排泄促進

胃
- ガストリン　胃酸, ペプシンの分泌促進

小腸
- コレシストキニン　膵臓からの消化酵素の分泌促進, 胆嚢の収縮
- セクレチン　膵臓からの重炭酸塩の分泌促進, 胃酸の分泌抑制
- モチリン　平滑筋収縮, 胃酸の分泌促進
- 血管作動性腸ポリペプチド(VIP)　平滑筋弛緩
- 胃酸分泌抑制ペプチド(GIP)　膵臓からの重炭酸塩の分泌促進, 胃酸分泌抑制, インスリンの分泌促進

卵巣(女性)
- 卵胞ホルモン(エストロゲン)　第二次性徴の発現
- 黄体ホルモン(プロゲステロン)　黄体形成, 妊娠維持

視床下部
- 成長ホルモン放出ホルモン(GRH)　成長ホルモンの分泌促進
- 甲状腺刺激ホルモン放出ホルモン(TRH)　甲状腺刺激ホルモンの分泌促進
- 副腎皮質刺激ホルモン放出ホルモン(CRH)　副腎皮質刺激ホルモンの分泌促進
- 黄体形成ホルモン放出ホルモン(LHRH)　黄体形成ホルモンの分泌促進
- 卵胞刺激ホルモン放出ホルモン(FRH)　卵胞刺激ホルモンの分泌促進

松果体
- メラトニン　概日リズムの形成

甲状腺
- 甲状腺ホルモン(T_3, トリヨードチロニン, T_4, チロキシン)　成長ホルモンの分泌促進, T_3の前駆体
- カルシトニン　骨へのカルシウムの取込み促進

副甲状腺(上皮小体)
- 副甲状腺ホルモン(PTH, パラトルモン)　活性型ビタミンDの合成促進, カルシウムの腸管吸収促進

膵臓
- インスリン　グリコーゲン, 脂肪の合成促進
- グルカゴン　分解促進

副腎髄質
- カテコールアミン　糖質代謝促進, 循環機能増大

副腎皮質
- グルココルチコイド(コルチゾール)　糖質代謝調節
- ミネラルコルチコイド(アルドステロン)　ミネラル代謝調節

精巣(男性)
- テストステロン　第二次性徴の発現, 精子形成の促進, 筋タンパク質の合成促進

胎盤(女性)
- ヒト絨毛性ゴナドトロピン(HCG)　妊娠時分泌, 卵胞刺激ホルモンの分泌抑制, 排卵, 月経の停止

図3　ヒトのおもな内分泌腺と分泌されるホルモンおよびそれらの作用

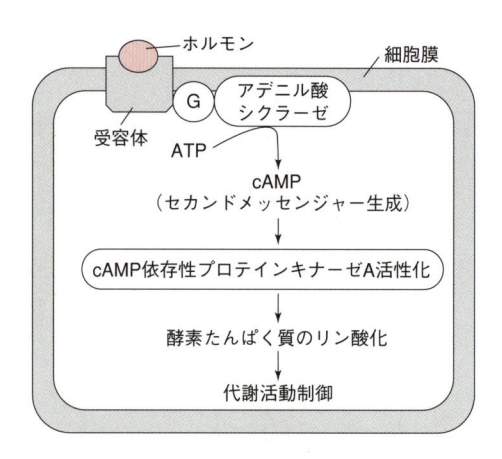

図4　ホルモン受容体が細胞膜上にある場合のホルモンの作用機序
G：Gタンパク質．佐藤昭夫ほか編，「人体の構造と機能（第2版）」，医歯薬出版(2003)，p.326をもとに作成．

男性ホルモン
アンドロゲンともいい，精巣から分泌されるアンドロゲンをテストステロンという．

図5　ホルモン受容体が細胞内にある場合のホルモンの作用機序
佐藤昭夫ほか編，「人体の構造と機能（第2版）」，医歯薬出版(2003)，p.326をもとに作成．

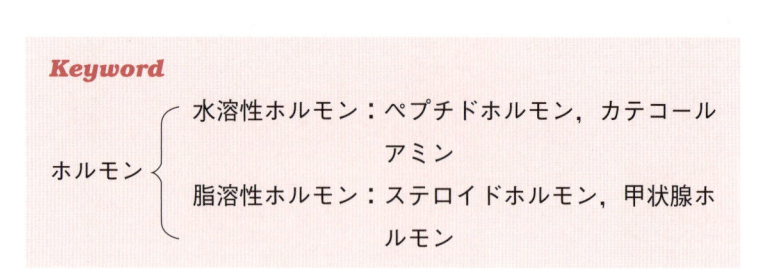

> **Keyword**
> ホルモン ┬ 水溶性ホルモン：ペプチドホルモン，カテコールアミン
> 　　　　 └ 脂溶性ホルモン：ステロイドホルモン，甲状腺ホルモン

（3）血糖調節のしくみ

　血糖値とは，血液中のグルコース濃度のことである．この血糖値は常に一定の範囲内（空腹時：70〜110 mg/dl，食後：70〜140 mg/dl）に収まるように，ホルモンによって調節されている．しかし，時として血

糖調節がうまくできずに尿中にまでグルコースが排泄されてしまう場合があり，このような疾患を糖尿病(diabetes mellitus)とよんでいる．

　血糖値が高くなると，膵臓のランゲルハンス島のβ(B)細胞から**インスリン**(insulin)が分泌される．インスリンは，肝臓や筋肉などに働きかけてグルコースからグリコーゲンへの合成を高めるとともに，グルコースから脂肪への変換も促進して，血糖値を低下させる(図6, a)．

　一方，血糖値が下がると，膵臓のランゲルハンス島のα(A)細胞から**グルカゴン**(glucagon)が分泌される．グルカゴンは肝臓に作用してグリコーゲンの分解を促し，血中グルコースを補って血糖値を高める(図6, b)．グルカゴンのほかにも，副腎髄質から分泌される**アドレナリン**(adrenaline)や副腎皮質から分泌される**グルココルチコイド**(glucocorticoid 糖質コルチコイド)も同様に，血糖値を高めるように働くホルモンである．

血糖値
〈健常者の場合〉
空腹時，70〜110 mg/dl，食後でも160 mg/dlを超えることはない．また，絶食時においても40 mg/dl以下にはならない．
〈糖尿病患者の場合〉
空腹時，126 mg/dl以上，食後2時間経過後も200 mg/dl以上が維持され，尿中へ糖(グルコース)が漏出する．

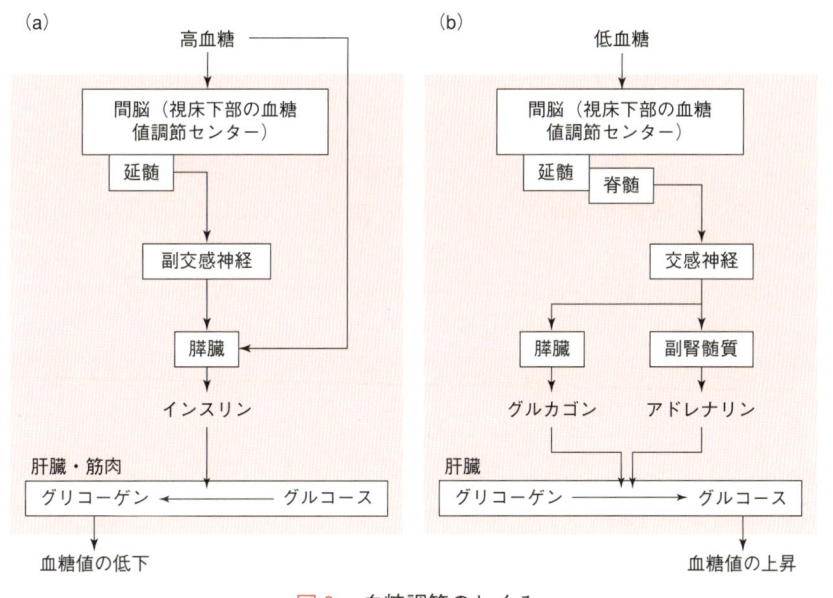

図6　血糖調節のしくみ
(a) 血糖値を下げる場合，(b) 血糖値を上げる場合．

　ところで，血糖の調節において，血糖値を上げるためのホルモンは数種類あるのに対して，血糖値を下げるためのホルモンは唯一インスリンのみである．それでは，どうして血糖値を下げるためのホルモンは一つしかないのであろうか？　その答えを以下に示そう．

　地球上に人類が出現したとされている約400万年前，地上には限られた食糧しか存在しなかった．このことより人類は長い間飢えに苦しんでいたことが推測される．そのためヒトのからだは飢餓の時代を生き抜く

術を身につけざるをえなかったと考えられる．食糧難のときには，ヒトのからだはなんとか血糖値を維持しようと血糖値を上げるためのホルモンを増やして適応してきたのであろう．

しかし，昔と違って現在は飽食の時代，すなわち，逆に血糖値を下げなければならない状況下では，血糖値を下げるためのホルモンが一つしか備わっていないのはヒトにとって致命的である．なぜならインスリン系（インスリンの分泌やインスリン受容体）の異常は，即わたしたちのからだを高血糖状態とし，糖尿病の発症を招くからである．

> **Keyword**
> 血糖値調節ホルモン
> 血糖値を下げるホルモン：インスリン
> 血糖値を上げるホルモン：グルカゴン
> 　　　　　　　　　　　　アドレナリン
> 　　　　　　　　　　　　グルココルチコイド

3　免疫とは

かつて**免疫**（immunity）とは，「伝染病（疫病）を免れること」という意味であった．しかし今日では，免疫とは「自己（自分）と非自己（自分以外の外来の異物）を見分けて，非自己を排除しようとする生体の働き」と解釈されている．

免疫系は，細菌やウイルス，および異種タンパク質など，抗原と称される異物が生体へ侵入するのを防いだり，生体内に侵入した抗原の排除を行ったりと，生体の内部環境を守るために重要な役割を果たしている．

この免疫系を担っている器官はリンパ系器官とよばれ，骨髄，胸腺，脾臓，リンパ節，扁桃腺などで構成されている．**骨髄**では，免疫系で中心となって働く白血球細胞である**リンパ球**（lymphocyte）がつくられる．リンパ球はそのまま骨髄で成熟する**B細胞**（B cell）と，**胸腺**（thymus）に送られてから分化・成熟する**T細胞**（T cell）とに大別される（図7）．

> **Keyword**
> リンパ球は，B細胞とT細胞に大別される

免疫の分類

免疫には**自然免疫**（natural immunity）と**獲得免疫**（acquired immunity）の二つがあり，生まれつき備わった生体防御機構のことを自然免疫，自然

B細胞（Bリンパ球）
骨髄に由来する抗体産生細胞の前駆細胞のこと．鳥類の骨髄由来のリンパ系幹細胞は，ファブリキウス嚢（bursa of Fabricius）で成熟して，免疫担当細胞となる．B細胞のBは，bursaのbにちなんで命名されたが，現在ではbone marrowのBとされることが多い．

T細胞（Tリンパ球）
細胞性免疫に関与する胸腺（thymus）由来のリンパ球のこと．T細胞のTは，thymusのtに由来する．

図7　リンパ球の種類

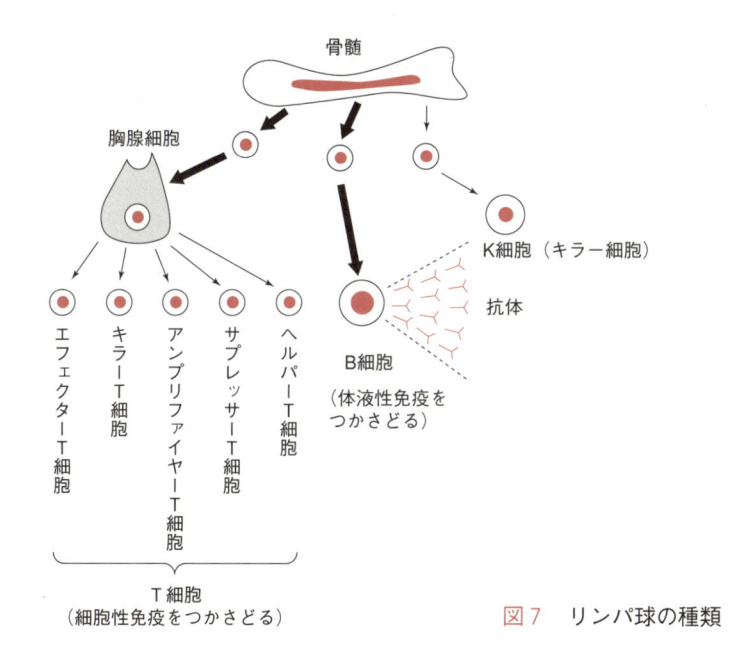

免疫で防ぎきれなかった場合，次に働く免疫を獲得免疫という．

自然免疫は**先天性免疫**（congenital immunity）ともよばれ，生体内に侵入してきた**抗原**（antigen）に対して最初に働く免疫応答で，唾液や涙などに含まれるリゾチームの溶菌作用，好中球や**マクロファージ**（macrophage）などの貪食作用（図8），リンパ球の一種である**ナチュラルキラー細胞**（NK細胞）による感染細胞の破壊などによって，抗原の除去を行う．

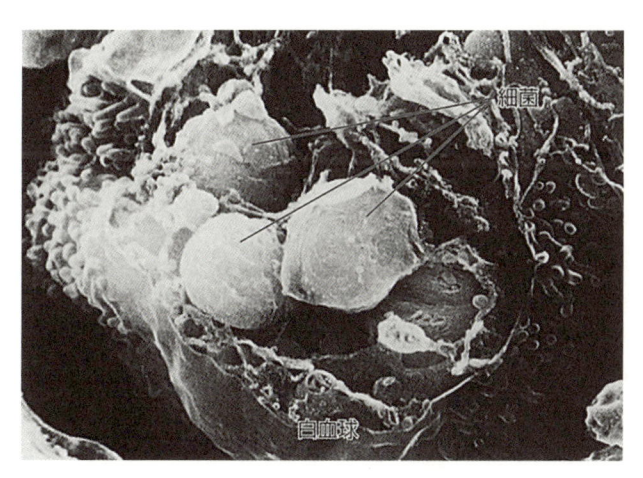

図8　白血球の貪食作用

写真は白血球の断面を示し，貪食作用によって細菌が取り込まれた様子がうかがえる．貪食作用をする白血球は，5～50個の細菌を処理するといわれるが，この白血球が死滅した集まりが膿である．
「高等学校新編生物Ⅰ」，太田次郎・本川達雄　編，(株)新興出版社啓林館(2002)，p.131．

抗体
特定の抗原と特異的に結合するタンパク質を抗体とよび，このようなタンパク質は免疫グロブリン(Ig)ともよばれる．ヒトの免疫グロブリンは血液中にあって，IgG，IgA，IgM，IgD，IgE の 5 種類がある．

補体
9 種類からなる酵素タンパク質で，血液中に常に存在し，抗体と結合した抗原(細菌)の破壊，マクロファージや好中球の貪食作用の亢進などを担っている．

一方，獲得免疫は後天性免疫ともよばれ，この獲得免疫には，T 細胞が主体となる細胞性免疫 (cell-mediated immunity) と B 細胞が生成する抗体 (antibody) が中心的な役割を果たす体液性免疫 (humoral immunity) とがある（図 9）．

生体内に侵入した抗原はマクロファージに貪食され，その抗原（ウイルス）の特徴がヘルパー T 細胞 (helper T cell) に提示される．情報を得たヘルパー T 細胞はマクロファージの貪食作用を促進するとともに，キラー T 細胞 (killer T cell) を活性化し，活性化したキラー T 細胞は感染細胞を攻撃し，破壊する．このようにして抗原の除去が行われるしくみを細胞性免疫という．ツベルクリン反応や臓器移植による拒絶反応などは細胞性免疫の典型的な例である．

一方，マクロファージから情報を得たヘルパー T 細胞は B 細胞にも作用し，抗原（細菌）に特異的な B 細胞を活性化し増殖させ，さらに B 細胞から形質細胞への分化も助けている．形質細胞により生成・放出された抗体は侵入してきた抗原と結合して，抗原を不活性化する（抗原抗体反応 antigen-antibody reaction）．抗体によって捕らえられた抗原は，補体 (complement) の溶菌作用により溶かされてしまうか，マクロファージに食べられて処理される．このように抗体によって抗原が除去されるしくみを体液性免疫という．

T 細胞や増殖した一部の B 細胞は抗体をつくらず，記憶細胞となって体内に保存され，同じ抗原の二度目の襲来に備える．再び同じ抗原が侵

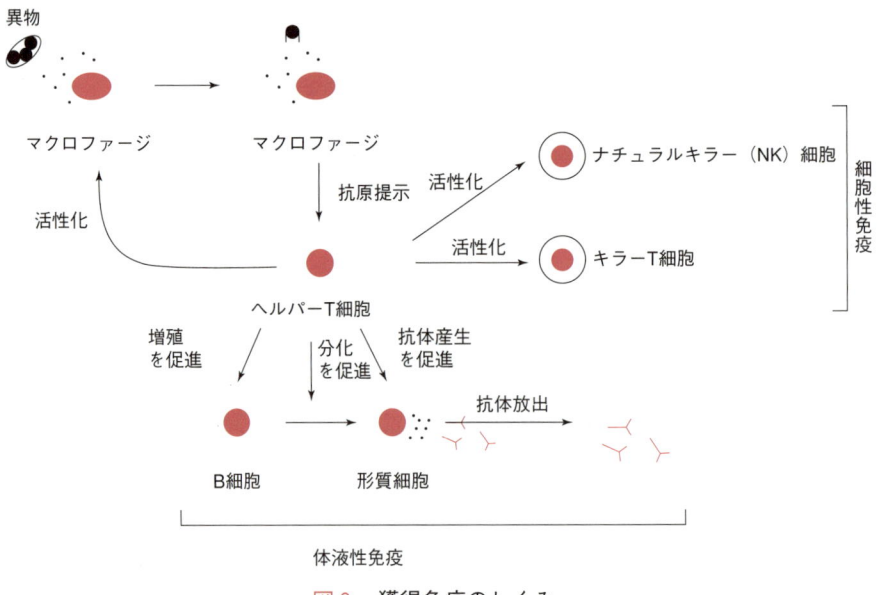

図 9 獲得免疫のしくみ

Column

増え続けるHIV感染者とAIDS患者

1981年，アメリカはロサンゼルスの病院で，後天性免疫不全症候群（acquired immune deficiency syndrome；AIDS）の患者，第一号が発見された．患者は免疫力が低下しない限り，めったに発症しない非常に珍しいカリニ肺炎という感染症で死亡した．1983年，その原因となるウイルスが時を同じくして，リュック・モンタニエ（フランス）とロバート・ギャロ（アメリカ）により発見された．1986年，国際ウイルス委員会が原因ウイルスをヒト免疫不全ウイルス（human immunodeficiency virus；HIV）と名付けた．

HIVはリンパ球の胸腺由来のヘルパーT細胞に感染し，その機能を破壊することによって，免疫機構全体にダメージを与える．AIDS患者は免疫機能が損なわれているため，本来なら感染しないような病原性の弱い細菌に感染する日和見感染によって死亡する．

AIDS患者は発見当初の1981年には108人であったが，その後増え続け，国連合同エイズ計画（UNAIDS）と世界保健機関（WHO）は2005年11月21日に発表した05年版エイズ報告書のなかで，2005年末の時点で全世界のHIV感染者数は4,030万人に達するとの推計を示したが，2018年12月時点で，3,790万人にとどまっている．

国内に目を転ずると，2004年に国内で新たに報告されたHIV感染者とAIDS患者の報告総数は1,165人であった．1984年の調査開始以来，初めて年間報告数が1,000人を突破し，2018年まで，15年連続で1,000人の大台を超えている．2018年末の時点までの国内の累計報告数は30,149人にも上る（厚生労働省のエイズ動向委員会の資料による．）

HIV感染のおもな原因はHIV感染者との性交渉である．したがって，HIVに感染しないためにも無防備なセックスは慎むべきである．自分の身は自分で守るという強い自覚と自己責任が問われる昨今である．

最後に，朝日新聞が行った北山翔子さん（「神様がくれたHIV」，紀伊國屋書店（2000）の著者で，20代で，恋人からHIVに感染した．）へのインタビュー記事の一節を紹介しておこう．

(2002年8月6日付，朝日新聞，朝刊)

「私はHIVは自分には関係ないと思っていた．……感染は，人数とか本気で好きだとかは関係ない．相手が感染しているかどうか．それだけ．」

「……別れた今も彼を恨んでいないけど，愛しているという気持ちは，感染の予防には何の役にも立たなかった．」

「若い人にいえるのは，HIVをうつされて後悔するような人だったら，無防備なセックスはやめなさい，ということ．自分で病気を背負っていく覚悟があるのか考えてほしい．」

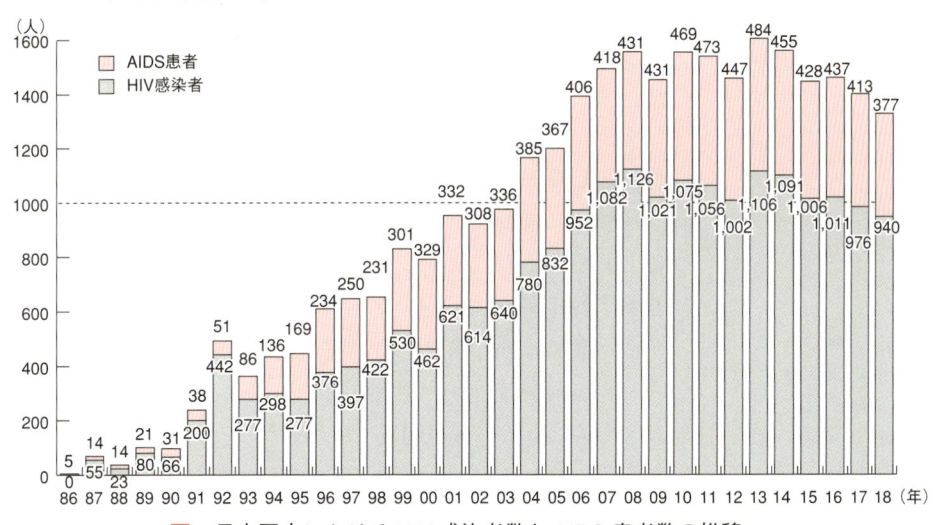

図　日本国内におけるHIV感染者数とAIDS患者数の推移

予防接種
感染力を弱めた病原体(ワクチン)を人体に接種し,あらかじめ人工的に体内に抗体をつくっておき,本物の病原体(抗原)が体内に侵入したときに,病気にかからないようにからだに免疫力をつけておくこと.

入してきた場合,待機していた記憶細胞が速やかに応答し,抗体を生成・放出して,抗原を排除する(二次免疫応答).そのため,最初の一次免疫応答に比べて,抗体がつくられる時間は短く,つくられる抗体の量も多くなる(図10).一度,はしかにかかると,二度とかからないのはこのためである.また,予防接種もこの原理を利用しており,私たちの感染予防に役立っている.

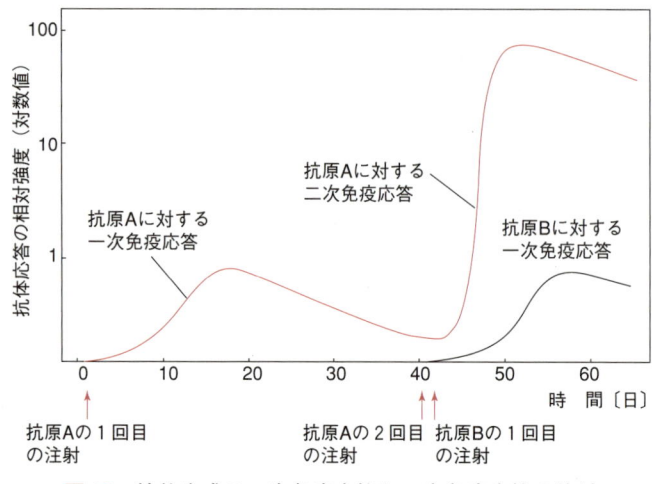

図10 抗体生成の一次免疫応答と二次免疫応答の比較

Keyword

免疫 ｛ 自然免疫(先天性免疫)
　　　 獲得免疫(後天性免疫) ｛ 細胞性免疫:T細胞が主体
　　　　　　　　　　　　　　 体液性免疫:B細胞がつくる抗体が主体

免疫のしくみ
生体内に侵入してきた抗原は,自然免疫と獲得免疫との協同作業で排除される.その免疫のしくみについては図11に示す.

食物アレルギー
食べ物のなかに含まれる物質がアレルゲン(allergen)となり,アレルギー(allergy)症状が引き起こされることがある.とくに重篤な場合には,じんましん,呼吸困難,激しいショックなどを併発して,死に至ることもある.このような即時型のアレルギー(Ⅰ型アレルギー)を食物アナフィラキシー(food anaphylaxis)とよんでいる.

即時型アレルギーの発症機序は,次のとおりである(図12).①侵入

アレルギー
本来,生体を守るために働く免疫機能が,誤って過敏に反応してしまい,その結果,身体に害を与えてしまう免疫異常のことをアレルギーとよんでいる.

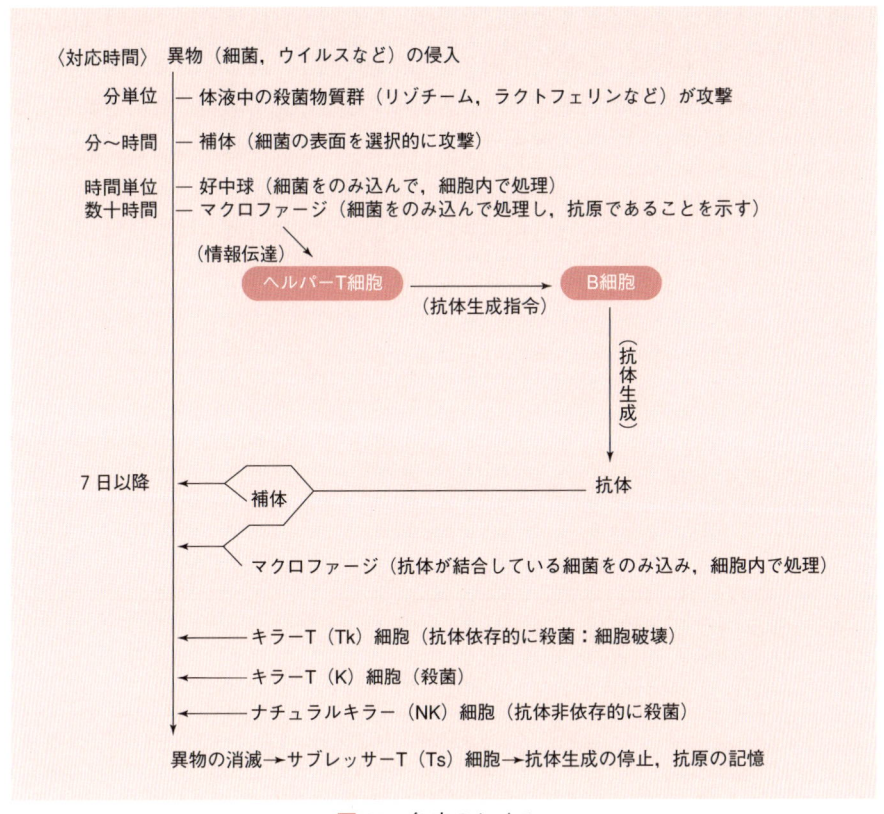

図11 免疫のしくみ
相原英孝ほか,「イラスト生化学入門(第3版)」, 東京教学社(2000).

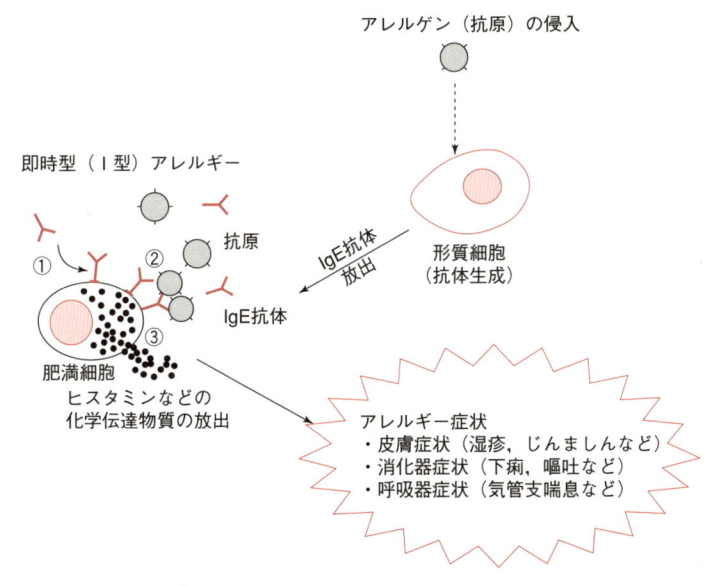

図12 即時型アレルギーの作用機序

してきたアレルゲンに対して，つくられたIgE抗体が**肥満細胞**(mast cell マスト細胞)に結合する，② そのIgE抗体に抗原であるアレルゲンが結合すると，肥満細胞からヒスタミンなどの化学物質が放出される，③ ヒスタミンなどの分泌物の作用によって，皮膚，目，鼻などに炎症が起こる．

食物アレルギー(food allergy)のほか，アトピー性皮膚炎，アレルギー性鼻炎，花粉症なども同様のしくみで発症する即時型アレルギーの一種である．

厚生労働省では，アレルギー症状を引き起こしやすい物質として「卵，乳，小麦，そば，落花生，えび，かに」を七大アレルゲンとして指定し，これらを原材料として使用している加工食品にはその旨を表示することを義務づけている(表2)．

食物アレルゲン
消化が不完全のまま体内に吸収されたタンパク質は，異物，すなわちアレルゲンと見なされ，アレルギー反応が起こる原因物質となる．乳幼児に食物アレルギーが発生しやすいのは，消化管でのタンパク質の消化が不十分のためと考えられている．

表2　加工食品中の表示義務のある原材料

	原材料
必ず表示しなければならない7品目	卵，乳，小麦，そば，落花生，えび，かに
表示が勧められている21品目	あわび，いか，いくら，オレンジ，キウイフルーツ，牛肉，くるみ，さけ，さば，大豆，鶏肉，豚肉，まつたけ，もも，やまいも，りんご，ゼラチン，バナナ，アーモンド，カシューナッツ，ごま

Keyword
食物アナフィラキシー
　食物アレルゲンによる即時型(I型)アレルギー

Column

そう簡単にはいかない臓器移植：免疫の壁

　他人の臓器を自分のからだに移植すると，免疫機能が働き，移植された臓器は異物と判断され，キラーT細胞やマクロファージの攻撃を受け，破壊される．これを移植時の拒絶反応とよんでいる．拒絶反応は，同種間の同じ臓器（組織）であっても，一卵性双生児を除いて，各人異なる組織適合抗原という細胞膜表面の抗原性の違いによって起こる．

　細胞膜の表面には，組織適合抗原の提示に関与する主要組織適合性複合体（major histocompatibility complex；MHC），ヒトの場合はヒト白血球抗原（human leukocyte antigen；HLA）とよばれる糖タンパク質がある．MHCには，ほとんどの有核細胞に存在するクラスI MHCタンパク質とB細胞，マクロファージなどの抗原提示細胞にだけ存在するクラスII MHCタンパク質の二つのタイプがある．クラスI MHCタンパク質は細胞質由来の自己または非自己の抗原（たとえばウイルス由来のペプチド）を提示し，提示された非自己抗原は，キラーT細胞の攻撃目標の目印となる．一方，クラスII MHCタンパク質は，外来性の非自己抗原をヘルパーT細胞へ提示する役目を果たしている．

　臓器移植の場合，宿主（受容者）のキラーT細胞は，提供者（ドナー）の臓器細胞がもつ抗原-クラスI MHCタンパク質複合体を非自己抗原と認識して，移植細胞を攻撃し破壊してしまうために拒絶反応を起こす．そこで，臓器移植後の拒絶反応を抑えるために，キラーT細胞の活動を抑制するサイクロスポリンAやFK506などの免疫抑制剤が一般的に広く使用されている．しかし，免疫抑制剤は生体の免疫機能全体を低下させてしまい，感染症を招く危険性もはらんでいるので，免疫抑制剤の使用は諸刃の剣といえる．

章末問題

1. ホメオスタシスとは何か．

2. 内部環境の維持に重要な役割を果たしている（　①　）神経系は，（　②　）神経系と（　③　）神経系に区別され，互いに（　④　）的に働くことで，体の恒常性を維持している．

3. ホルモンとは何か．その特徴について述べなさい．

4. 免疫とは何か．また，細胞性免疫と体液性免疫の違いについて述べなさい．

5. 加工食品中にアレルギーを起こしやすい物質が含まれている場合，表示しなければならない表示義務のある品目は7種類あるが，すべて答えなさい．

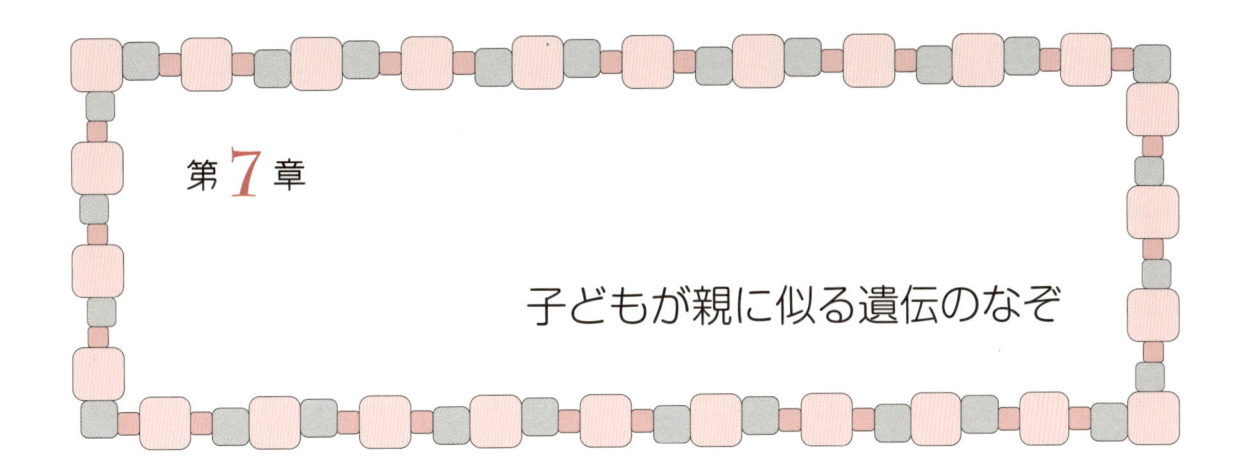

第7章 子どもが親に似る遺伝のなぞ

子どもはなぜ親に似ているのだろうか．どのように親の形や性質（合わせて形質とよぶ）が子どもに伝わるのであろうか．遺伝の現象は古くから知られていたが，その機構は長く明らかにされなかった．この遺伝現象を最初に解明したのが，オーストリアの牧師メンデル（Gregor Johann Mendel）である．この本の目的はヒトを生物学的に理解することであるが，遺伝の研究の歴史をたどるためにエンドウ豆の話からはじめよう．

1 メンデルの遺伝の法則

メンデルはエンドウの7種類の対立形質に注目して，それぞれの純系の個体を親として交配を重ね，いわゆる**メンデルの法則**（Mendel's laws）を発見した（1865年）．発表された当時，メンデルの法則は学会で認められず，数十年にわたって埋もれたままであったが，1900年にド・フリース（Hugo Marie de Vries），コレンス（Carl Erich Correns），チェルマク（Erich von S. Tschermak）の3人によって再発見された．

優性の法則と分離の法則

エンドウの種子の形について見ると，丸形としわ形という対立形質がある．種子の形が丸形の純系個体としわ形の純系個体を親（P）として交配すると（**他家受精** cross-fertilization），雑種第一代（F_1）の表現型はすべて丸形となった（図1, a）．次にF_1同士を交配すると（**自家受精** self-fertilization），雑種第二代（F_2）の表現型は，丸形：しわ形＝3：1となった．

F_1はすべて丸形となり，丸形としわ形の中間の形になることはない．このように，純系同士の両親がもつ形質のうち，F_1に現れる形質を**優性形質**，F_1に現れない形質を**劣性形質**という．優性と劣性の対立形質をもつ純系の2個体を親（P）として交配すると，F_1には優性形質だけが現

対立形質
種子の形が丸形，しわ形のように，互いに対をなす形質．

純系
すべての，または着目する対立遺伝子が同形質（ホモ）になった同形（ホモ）接合体の系統．自家受精をしても別の形質が現れない．

優性形質と劣性形質
優性は「優れている」，劣性は「劣っている」という意味ではなく，それぞれ「優位にある」，「劣位にある」ということであることに注意．

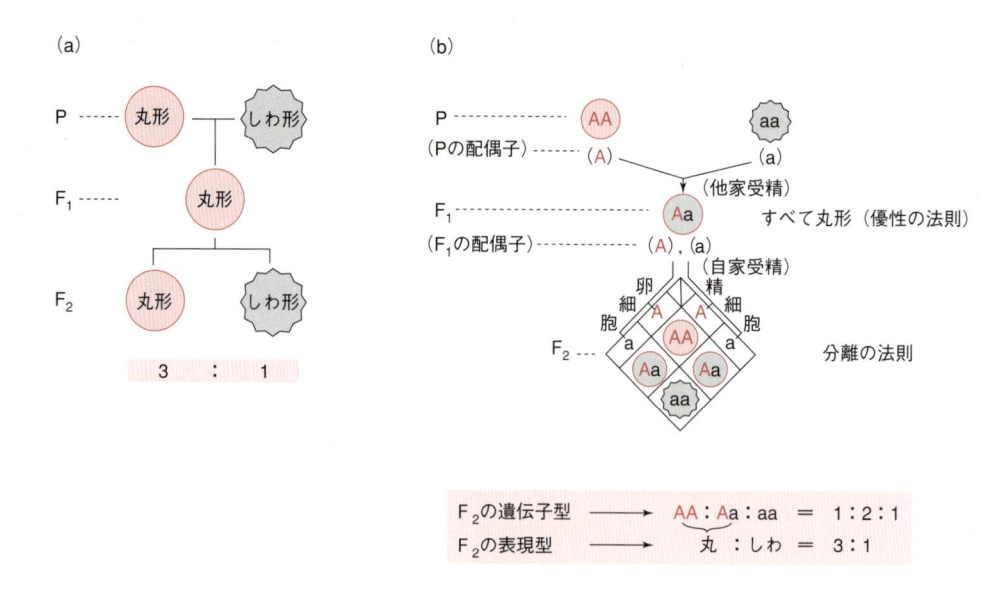

図1 優性の法則と分離の法則
(a) 実験結果, (b) 遺伝のしくみ.

れる.

このしくみをメンデルは次のように説明した(図1, b).

一つの形質は一対の対立遺伝子によって支配されている．種子を丸形にする**遺伝子**(gene)をA，しわ形にする遺伝子をaとすると，遺伝子は対になっているので，遺伝子型は，丸形がAA，しわ形がaaとなる．配偶子(卵細胞または精細胞)では対になっている遺伝子が分かれるので，丸形種子の親の配偶子はA，しわ形の親の種子はaとなる．

親の配偶子同士の受精によってできるF_1の遺伝子型はすべてAaで，表現型は丸形種子となる．すなわち，丸形が優性形質で，丸形を発現する遺伝子Aが優性遺伝子である．このように，優性と劣性の対立形質をもつ純系の2個体を親(P)として交配した場合に，F_1に優性形質だけが現れることを**優性の法則**(law of dominance)という．

配偶子には親(この場合，F_1)がもつ遺伝子対のうちの片方が入るので，F_1の配偶子にはAをもつものとaをもつものが1：1でできる．

F_2の遺伝子型はAA：Aa：aa＝1：2：1の比で現れる．優性遺伝子AをもつAAとAaは丸形となり，aaのみがしわ形となる．したがって，F_2の表現型は，丸形：しわ形＝3：1，すなわちF_2の分離比[A]：[a]＝3：1と表す．

このように，個体が配偶子を形成するとき，個体がもつ対立遺伝子は分かれて別々の配偶子に入る．これを**分離の法則**(law of segregation)と

遺伝子
メンデルは「遺伝子」という語は用いず，「遺伝要素」といったが，遺伝子の概念を導入した．

遺伝子型と表現型
1個の細胞の中にある遺伝子の構成を遺伝子型といい，それがもとになり外に現れる形質を表現型という．

Aとa
対立遺伝子のうち，優性の遺伝子をアルファベットの大文字で，劣性の遺伝子を小文字で表す．

いう.

独立の法則

次に，メンデルはエンドウの「種子の形」と「子葉の色」のように2種類の形質に同時に注目して交配実験を行った（図2，a）.

種子の形が丸形で子葉の色が黄色の純系個体と，種子の形がしわ形で子葉の色が緑色の純系個体を交配する（他家受精）.

すると，F_1 はすべて丸形・黄色になった．このことから，種子の形は丸形が優性，子葉の色は黄色が優性であることがわかる.

次に F_1 同士を交配する（自家受精）と，F_2 の表現型は

丸形・黄色：丸形・緑色：しわ形・黄色：しわ形・緑色
＝9：3：3：1

となった．

これをメンデルは次のように説明した（図2，b）．

種子の形を丸形にする遺伝子をA，しわ形にする遺伝子をa，子葉の色を黄色にする遺伝子をB，緑色にする遺伝子をbとすると，純系の親の遺伝子は，丸形・黄色はAABB，しわ形・緑色はaabbとなる．親Pの配

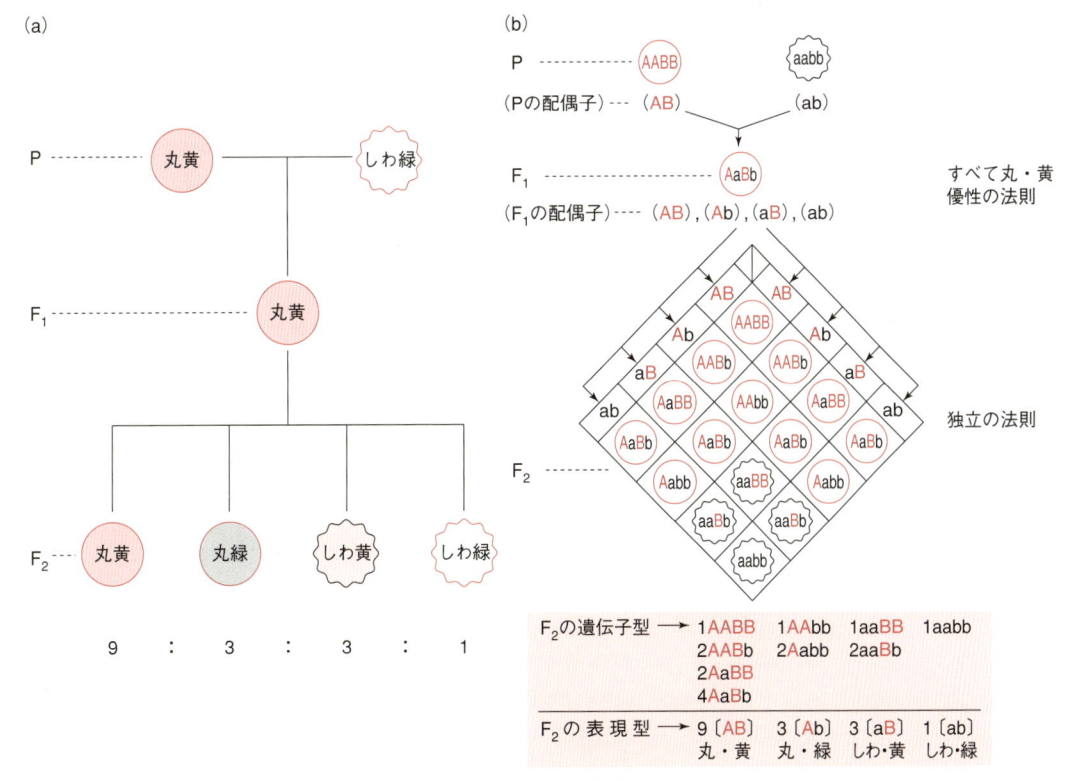

図2 独立の法則
(a) 実験結果，(b) 遺伝のしくみ．

偶子は，丸形・黄色は AB，しわ形・緑色は ab となる．

したがって F_1 の遺伝子型は AaBb となり，表現型は丸形・黄色で，[AB] となる．

F_1 の配偶子の遺伝子型は，AB：Ab：aB：ab ＝ 1：1：1：1 となる．

F_2 は F_1 の配偶子同士の組合せとなり，16 通り 9 種類の遺伝子型が得られる．

F_2 の分離比は，丸・黄[AB]：丸・緑[Ab]：しわ・黄[aB]：しわ・緑[ab] ＝ 9：3：3：1*

すなわち配偶子が形成されるとき，異なる染色体にある各対立遺伝子はそれぞれ独立して行動し，組み合わさって配偶子に入る．これを<u>独立の法則</u>(law of independence)という．ただし，後から説明するように，各対立遺伝子が同一の染色体にある場合には独立の法則は成り立たない．

＊1 遺伝子のみに注目すると，[A]：[a] ＝ (9 ＋ 3)：(3 ＋ 1) ＝ 3：1，[B]：[b] ＝ (9 ＋ 3)：(3 ＋ 1) ＝ 3：1 となって，分離の法則が成り立っていることに注意．

> **Keyword**
> メンデルの法則
> 優性の法則　優性と劣性の対立形質をもつ純系の 2 個体(親)の交配では，雑種第一代に優性形質のみが現れる
> 分離の法則　個体が配偶子を形成するとき，対立遺伝子は分かれて別々の配偶子に入る
> 独立の法則　配偶子が形成されるとき，異なる染色体にある各対立遺伝子はそれぞれ独立して行動し，組み合わさって配偶子に入る

不完全優性

エンドウの種子の形や色には中間の形質は存在しないが，常にそうなるとは限らない．マルバアサガオの色には中間の形質が出現する．赤色の花を付ける個体(RR)と白色(rr)を交配すると，F_1 はすべて中間の桃色(Rr)になる(図3)．F_2 では，赤(RR)：桃(Rr)：白(rr) ＝ 1：2：1 となる．これは R と r の優劣関係が不完全なためであり，<u>不完全優性</u>という．

複対立遺伝子

メンデルの例では対立遺伝子は 2 種類(丸としわ，黄と緑)であったが，3 種類以上の場合もある．

ヒトの ABO 式血液型には，A 型，B 型，O 型，AB 型の四つがあり，遺伝子には A，B，O の 3 種類がある．A，B は O に対して優性で，A と B の間には優劣関係はない．したがって，A 型には AA，AO，B 型には

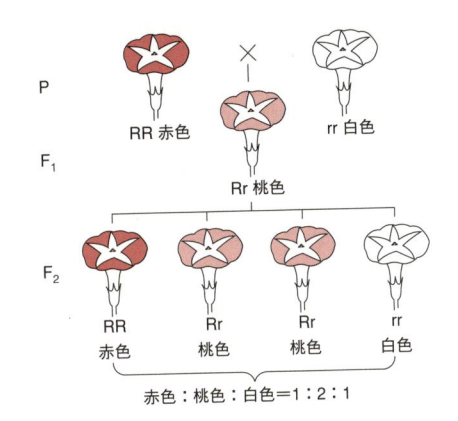

図3 マルバアサガオの色
R：赤色遺伝子，r：白色遺伝子．

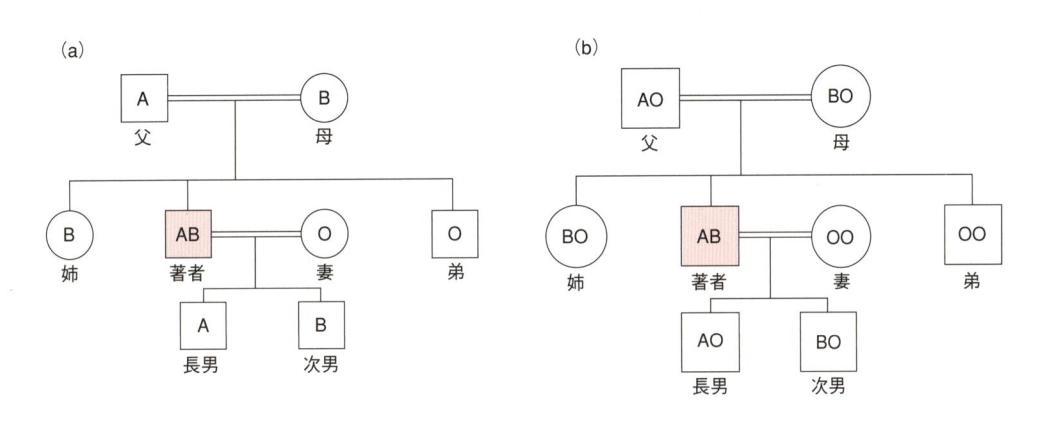

図4 ABO式血液型の表現型(a)と遺伝子型(b)

BB，BOの各2種類の遺伝子型があり，AB型はAB，O型はOOの1種類の遺伝子型のみである．

著者の家族の血液型表現型から遺伝子型を推定してみよう（図4，a）．父はA型，母はB型であるが，弟はO型だから，弟の遺伝子型はOOとなり，父，母ともにO遺伝子を1個ずつもっていることになり，父の遺伝子型はAO，母はBOとなる．したがって，姉はBO．著者はAB，妻はOOだから，長男はAO，次男はBOとなる（図4，b）．あなたの家族の血液型から遺伝子型を推定してみよう．

連鎖と組換え

同じ染色体に存在する遺伝子は**連鎖**(linkage)**している**といい，連鎖した遺伝子群を連鎖群という．連鎖群は，減数分裂時に同一行動をとり，その遺伝には，メンデルの独立の法則は適用できない．つまり，連鎖し

ている遺伝子群は，まとまって一緒に行動する．

　減数分裂の第一分裂前期に相同染色体の染色分体が対合して二価染色体を形成するときに交叉し，交わった部分で切れて，相同染色体の染色分体の一部を交換する（乗換え）ことがある．これによって遺伝子の組合せが変化する（組換え　genetic recombination）．連鎖している2対の対立遺伝子について，それらの遺伝子間の距離が短いと連鎖は完全で，遺伝子の組換えは起こらない（完全連鎖）．2対の対立遺伝子の距離が長いほど連鎖は不完全で，遺伝子の組換えが起こりやすい（不完全連鎖，図5）．

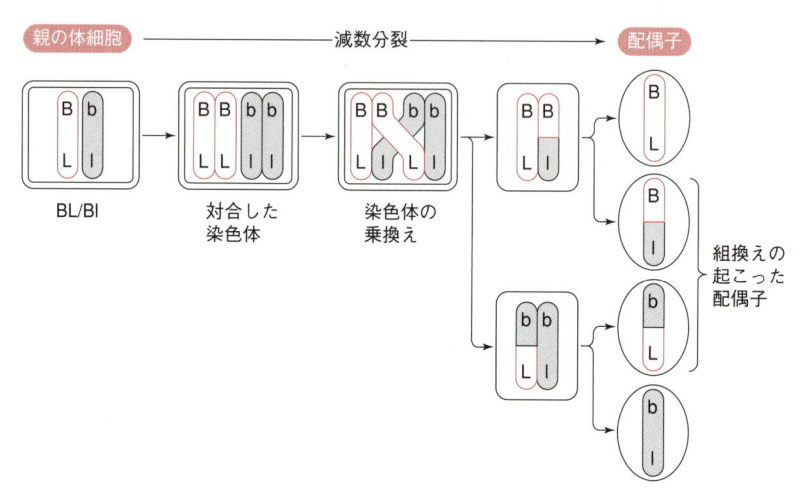

図5　遺伝子の組換えのしくみ
BとL，bとlが同一染色体にあって連鎖しているときBL／blで表す．

　生殖母細胞内の同一染色体に連鎖している2個の遺伝子が，減数分裂時に染色体の乗換えによって組換えを起こす割合を組換え価（recombination value）という．理論的には，

$$組換え価(\%) = \frac{組換えの起こった配偶子の数}{全配偶子数} \times 100$$

であるが，組換えの起こった配偶子の数を測定することは困難なので，

$$組換え価(\%) = \frac{組換えによって生じた個体数}{検定交雑によって得られた総個体数} \times 100$$

によって求める．組換え価のもつ意味は，組換えは連鎖している遺伝子間の距離が大きいほど起こりやすく，遺伝子間の距離が小さいほど起こりにくくなるということである．組換え価によって，同一染色体にある遺伝子間の相対的な距離を知ることができる．

　アメリカのモーガン（Thomas Hunt Morgan）は遺伝子の組換え価をもと

交配と交雑
2個体間で受精させることを交配といい，とくに互いに異なる対立遺伝子をもつ2個体間の交配を交雑という．

にして，キイロショウジョウバエの染色体地図(連鎖地図)を作成した．そして，メンデルが推定した遺伝要素は染色体に線上に配列した遺伝子であるという遺伝子説を打ち立てた(1926年)．

ヒトの性染色体
ヒトの性染色体はXY型であり，XXなら女性に，XYなら男性になる．ヒトの基本型は女性であり，Y染色体上の男性決定遺伝子(SRY遺伝子)がなければ女性になる．

> **Keyword**
> 不完全優性　複対立遺伝子　連鎖　乗換え　組換え　組換え価

性染色体と伴性遺伝

多くの生物には性によって形や数が異なる染色体があり，これを**性染色体**(sex chromosome)という．それ以外の染色体は**常染色体**(autosome)とよばれ，性に関係なく，相同染色体が対になっている．性染色体は雄か雌のどちらかがヘテロになっていることが多い．ヒトやキイロショウジョウバエは雄ヘテロ接合型(XY型，XO型)，鳥類は雌ヘテロ接合型(ZW型，ZO型)*である(図6)．(ただし，すべての生物の性が遺伝子によって決まっているわけではなく，環境によって性が決定，変化するものもある．)

* XO型，ZO型でOはOという染色体があるのではなく，染色体がないという意味である．

ヘテロ接合体とホモ接合体
注目する遺伝子または染色体の組合せをもつ個体をホモ(同型)接合体といい，異なる組合せをもつ個体をヘテロ(異型)接合体という．

性染色体の型		性	親の体細胞	生殖細胞	子どもの体細胞		例
雄ヘテロ(精子2型)	XY型	♀	2A+XX	A+X		2A+XX(♀)	ヒト(哺乳類)，メダカ，ショウジョウバエ
		♂	2A+XY	A+X / A+Y		2A+XY(♂)	
	XO型	♀	2A+XX	A+X		2A+XX(♀)	バッタ，トンボ
		♂	2A+XO	A+X / A		2A+XO(♂)	
雌ヘテロ(卵2型)	ZW型	♀	2A+ZW	A+W / A+Z		2A+ZW(♀)	ニワトリ，マムシ，カイコガ
		♂	2A+ZZ	A+Z		2A+ZZ(♂)	
	ZO型	♀	2A+ZO	A / A+Z		2A+ZO(♀)	ミノムシ，スッポン
		♂	2A+ZZ	A+Z		2A+ZZ(♂)	

図6　性決定のしくみ

雌雄に共通している性染色体(X染色体，Z染色体)にある遺伝子による遺伝を**伴性遺伝**(sex-linked inheritance)といい，形質の現れ方が性によって異なる．ヒトの**赤緑色覚異常**(red-green blindness)は，眼の網膜にある錐体細胞の異常によって赤色と緑色を区別できない形質である．赤緑色覚異常は正常色覚に対して劣性で，その遺伝子はX染色体上にあり，伴性劣性遺伝によって伝わる．正常色覚を発現する遺伝子をA，色覚異常を発現する遺伝子をaとすると，女性では，X^aX^aでのみ発現(色覚異常)し，X^AX^aでは保因者(正常色覚)となる(図7)．男性では，X^aYで

色覚異常が発現するので，赤緑色覚異常の発現は男性に多くなる．**血友病**(hemophilia)も伴性劣性遺伝形式をとる遺伝病として有名である．

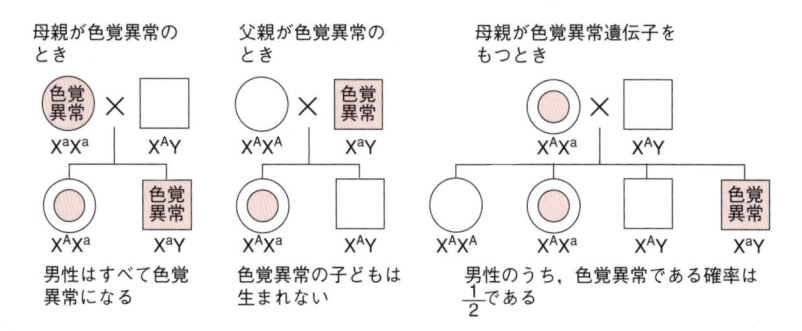

図7　ヒトの赤緑色覚異常の遺伝のしくみ
○：女，□：男，A：優性の対立遺伝子，a：劣性の対立遺伝子．

> **Keyword**
> 性染色体　性によって形や数が異なる染色体
> 常染色体　雌雄が共通に対でもつ染色体
> 伴性遺伝　雌雄に共通している性染色体（X染色体，Z染色体）にある遺伝子による遺伝．形質の現れ方が性によって異なる

2　変異

環境変異と突然変異

同じ親から生まれた子どもでも，個々の形質を比べると，いろいろな違いが見られる．ときには親とはまったく異なる形質をもった子どもが現れることもある．個体間の形質の違いを**変異**(variation)という．変異には遺伝するものとしないものがある．遺伝子に違いがないのに成育の過程で環境の影響によって個体間に生じる変異を**環境変異**(environmental variation)という．ここでは，遺伝子に生じる**突然変異**(mutation)について見ていこう．

突然変異

遺伝子や染色体の変化によって，新しい形質が突然出現することがある．これが生殖細胞に生じると，子孫に遺伝することになる．

(1) **染色体突然変異**(chromosomal mutation)

ド・フリース(Hugo Marie de Vries)は，オオマツヨイグサを観察していて，しばしば変わった形質の個体が出現することに気がついた．葉や花びらが異常に細長いもの，葉の厚いもの，葉脈に赤いすじのあるものな

どを発見し，これらの形質が遺伝することを確かめた．その後，これらの突然変異の多くは染色体の構造や数の変化によって生じることが明らかにされた．

　ヒトの**ダウン症候群**（Down syndrome）は，精神発達の遅延，特有な顔貌，低身長などを特徴とする疾患であり，21番目の染色体を三つもった異数性（21トリソミー　trisomy）による．これは減数分裂時に染色体が分離せず，二つの21番染色体をもつ配偶子ができたために起こる染色体異常症である．

Column

Y染色体は非行少年か？

　ミトコンドリア遺伝子が母系遺伝であるのに対し，Y染色体は男性のみがもっており，男性の象徴であると信じている男性諸君が多いのではないだろうか．しかし，実はそうではない．Y染色体は，ろくな働きもせず，社会性に乏しく，大部分は不要で，徐々に退廃していく染色体であるという．Y染色体を非行少年にたとえる研究者もいるほどである．

　Y染色体はX染色体に比べてかなり小さいが，減数分裂のときに対合する．常染色体は全長にわたって対合するが，この場合は互いの末端だけが対合する．ここでX染色体とY染色体は交叉を起こす．入れ替わる部分のDNAは性に伴って遺伝せず，常染色体上のDNAと同様にふるまうので，偽常染色体領域（PAR）という．それに対して，Y特異的領域（NRY）は他の染色体と対合することがなく，父から息子にそのまま伝わる．精巣決定遺伝子（SRY）はPARとの境界に近いNRYに存在するので，まれにPARの組換え時にXに移動することがある．SRY遺伝子を受け取ったX染色体をもつ個体はXXであるにもかかわらず，外見は正常な男性になる．一方，SRY遺伝子を欠失したY染色体をもつ個体はXYであるにもかかわらず，外見は正常な女性となる．

　ヒトゲノム計画によって解明されたY染色体には27個の遺伝子しかない．これはY染色体と同じ程度の大きさである21番染色体の440個，22番染色体の844個に比べても極端に少ない．Y染色体は男性を決定すること以外に大した働きもなく，くずといわれるゆえんである．

　しかし一方では，Y染色体はヒトの進化を研究する新しい方法として注目されている．ミトコンドリアDNAが女系をたどるのに役立つのに対して，Y染色体を調べることによって男系の祖先をたどることができる．

　アイスランドは，ノルウェーからバイキングが住み着くまでは無人島であった．現在，アイスランドのほとんどの男性はノルウェー人のY染色体をもっているが，ミトコンドリアDNAはアイルランド人に由来する．バイキングはアイルランドの女性をさらって，アイスランドに土着したのである．

　南米コロンビアでは，男性のY染色体の大部分はスペイン人由来である．一方，ミトコンドリアDNAはアメリカ先住民のものである．この事実は，歴史が示すとおり，スペインの征服者が先住民の男性を大量殺戮し，女性を強姦した結果であることを示している．

　また，最近の研究によると，現在の中国とモンゴルに住む男性のうち，約1600万人はチンギスハン（蒙古帝国の始祖）の，また，約150万人はギオチャンガ（清朝の始祖ヌルハチの祖父）の子孫であると報告された．ある特定の男性のY染色体がこれほどまでに広まったのは征服と妾の力である．

　Y染色体は，征服，虐殺，強姦など，人類の歴史に暗い影を投げかけている．やはり，Y染色体は非行少年なのだろうか．

（2）遺伝子突然変異（genetic mutation）

遺伝子が変化しても突然変異を生じる．これはヒトの多くの遺伝性疾患の原因になっている．遺伝子の本態，DNA については次章で述べる．

章 末 問 題

1. 次の文はメンデルの優性の法則，分離の法則，独立の法則，のうち，どれを説明したものか．
   - （1） 2対以上の対立遺伝子は互いに干渉し合うことなく，別々に配偶子に入る．
   - （2） 1対の対立遺伝子の間には形質発現において優劣がある．
   - （3） 個体が配偶子をつくるとき，1対の対立遺伝子は分かれて，別の配偶子に入る．

2. ヒトの ABO 式血液型で，B 型の男性と AB 型の女性が結婚した場合に，生まれる子どもの血液型はどうなるか．

3. ヒトの染色体について，次の問に答えなさい．
   - （1） ヒトの体細胞に含まれる常染色体の数は何本か．
   - （2） 男性と女性の染色体構成を示しなさい．
   - （3） ダウン症候群のヒトの染色体は何本か．

第8章　遺伝子の本体DNA

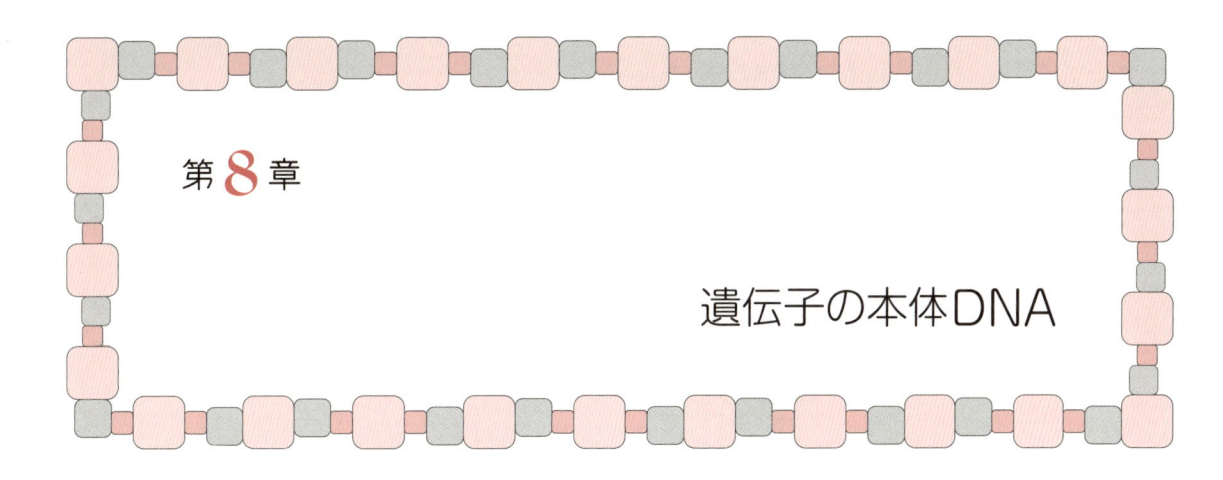

遺伝子はしばしば人間の設計図に喩えられる．しかし，実際の遺伝子は，設計図というよりも料理をつくるための調理法を記したレシピと考えたほうが的を射ている．

この章では，前章で見た遺伝現象の本体であるDNAの解明の歴史をたどり，現在の分子生物学の隆盛にいたる過程を見ていこう．

1　分子生物学への道程

第7章で述べた遺伝の法則を担う遺伝子の実体は何であろうか．今日の分子生物学にいたるまでには長い道程が必要であった．1869年，スイスのミーシャー(Johann F. Miescher)は，ヒトの膿を材料として，細胞の核にはタンパク質とは異なる，リン酸を多量に含む物質が存在することを発見し，これをヌクレインと名付けた．これが核酸(nucleic acid)の発見であるが，その後長い間，このヌクレインが遺伝子の本体とは考えられなかった．遺伝子は複雑な構造の高分子であろうとの推測から，タンパク質が候補者として長く考えられていた．

グリフィスの実験

イギリスのグリフィス(Fred Griffith)は，肺炎双球菌の実験から，次のような事実に気づいた(1928年，図1)．

肺炎を起こす細菌の一つである肺炎双球菌には，被膜をもっていて病原性をもつS型菌と，被膜がなく，肺炎を起こさないR型菌とがあり，被膜の有無と病原性の有無は遺伝形質であることがわかっていた．

まず，生きたS型菌をネズミに注射すると，ネズミは発病して死んだ．生きたR型菌を注射しても，ネズミは発病しなかった．

次に，熱で殺したS型菌を注射してもネズミは発病しなかったが，熱で殺したS型菌と生きたR型菌を混ぜて培養したものを注射すると，ネズミは発病して死んだ．そして，死んだネズミからは生きたS型菌が検

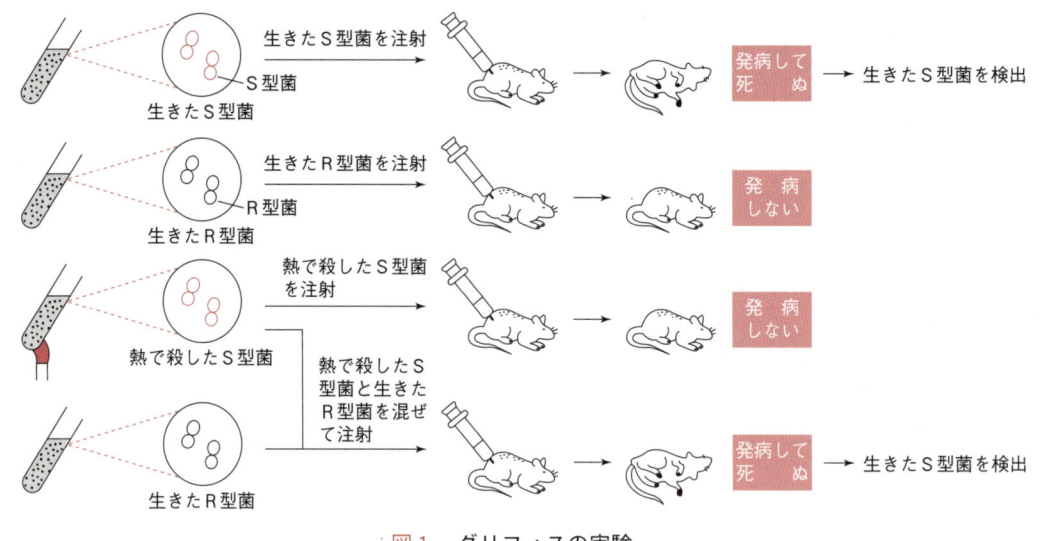

図1 グリフィスの実験

出された．

以上の結果から，グリフィスはR型菌がS型菌に変化した（後にアベリーによって形質転換と名付けられた）と結論付け，何らかの物質がS型菌からR型菌に伝達されたと考えた．

アベリーの実験

アメリカのアベリー（Oswald Theodore Avery）は，R型菌をS型菌に変化（**形質転換** transformation）させる物質が何であるかを明らかにするために次の実験を行った（1944年，図2）．

タンパク質分解酵素で処理したS型菌の抽出液を生きたR型菌に加えて培養すると，S型菌とR型菌の両方が検出された（図2，a）．

多糖類分解酵素で処理したS型菌の抽出液を生きたR型菌に加えて培養してもS型菌とR型菌の両方が検出された（図2，c）．

しかし，DNA分解酵素で処理したS型菌の抽出液を生きたR型菌に加えて培養するとR型菌のみが検出された（図2，b）．

以上の結果から，アベリーは，R型菌がS型菌に形質転換するにはS型菌のDNAが必要であることを示した．この事実から，遺伝子の本体がDNAである可能性が強く示唆されるようになった．

ハーシーとチェイスの実験

アメリカのハーシーとチェイス（A. D. Hershey, M. Chase）は，**バクテリオファージ**（bacteriophage）の一種で大腸菌に寄生するT_2ファージを用いて，その増殖のしくみを明らかにした（1952年，図3）．

①，②：（図3に対応）T_2ファージが大腸菌の細胞壁に付く．

バクテリオファージ
細菌を食べて増殖するウイルスのこと．ウイルスは核酸（DNAまたはRNA）とタンパク質からできており，生きた細胞内でのみ増殖することができる．

図2 アベリーの実験

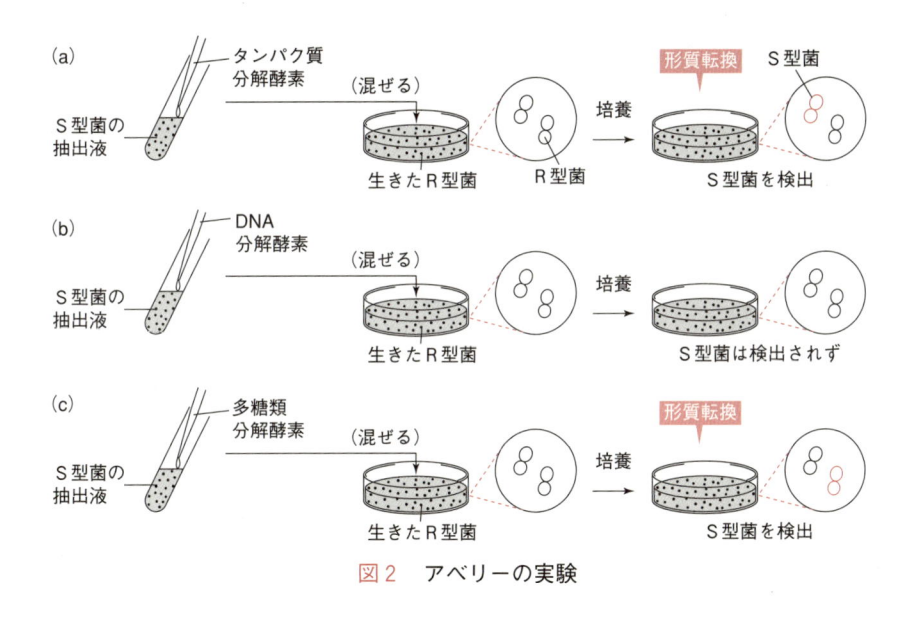

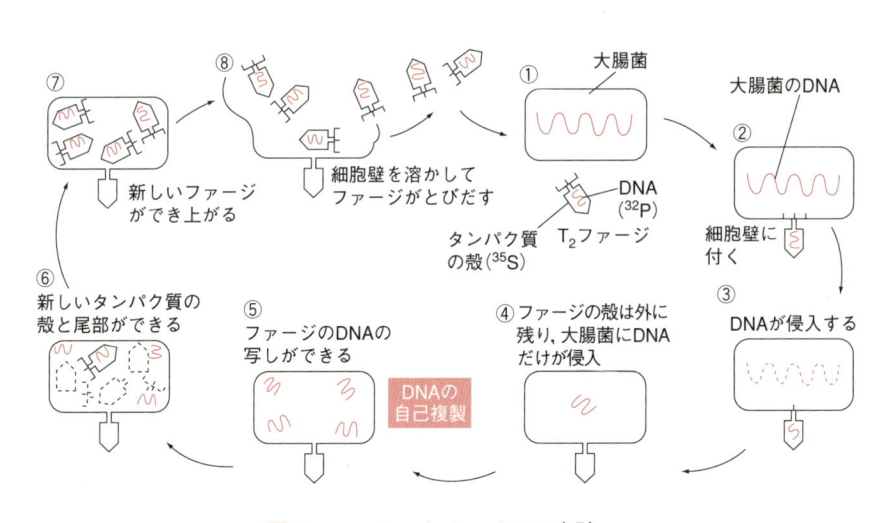

図3 ハーシーとチェイスの実験

③, ④：頭部のDNAだけが大腸菌内に侵入する。^{35}Sでラベルしたタンパク質と^{32}PでラベルしたDNAをもつT_2ファージを用いると、細胞壁を除いた大腸菌からは^{32}Pのみ検出され、DNAだけが菌体内に侵入したことが示される（Sは、ある種のアミノ酸の成分であるが、DNAの成分ではない。一方、PはDNAの成分であるが、タンパク質の成分ではない）。

⑤, ⑥：菌体内に入ったDNAは大腸菌の核酸を用いて増殖し（自己複製）、アミノ酸を材料にして、自分のタンパク質の殻と尾部をつくる。したがって、新しくできたファージには^{32}Pは含まれていない。

含硫アミノ酸

タンパク質を構成する20種類のアミノ酸のうち、メチオニンとシステインは含硫アミノ酸といい、S原子を含んでいる。

⑦, ⑧：多数の新しい T₂ ファージができ, 細胞壁を溶かして菌体外へ出る.

以上の結果から, ハーシーとチェイスは, DNA は形質を発現させるのみでなく, 自己複製をし, それによって形質を子孫に伝えることができる遺伝子であると考えた.

> **Keyword**
> グリフィスやアベリーによる肺炎双球菌を使った実験により,「遺伝子の本体は DNA である」と証明された
> ハーシーとチェイスによるバクテリオファージによる実験により,「DNA は自己複製することにより形質を子孫に伝える遺伝子である」と証明された

2 DNA 二重らせんの発見

1949 年にシャルガフ (Erwin Chargaff, アメリカ) は DNA に含まれる 4 種類の塩基で, **アデニン** (adenine, A) と **チミン** (thymine, T) の量, **グアニン** (guanine, G) と **シトシン** (cytosine, C) の量がそれぞれ等しいことを示した. また, ウイルキンス (Maurice H. F. Wilkins, イギリス) らは DNA の X 線回折の結果を得ていた. そして, ついに 1953 年, ワトソン (James Watson, アメリカ) とクリック (Fracis Crick, イギリス) は DNA の二重らせん構造モデルを発表した (図 4).

DNA 分子の基本構成単位は, 塩基, 糖, リン酸が結合した **ヌクレオチド** (nucleotide) である (図 4, a). 糖は **デオキシリボース** (deoxyribose) で (図 4, b), 塩基には A, G, C, T の 4 種類があり, そのため塩基の相違によって 4 種類のヌクレオチドがある (図 4, c). これが多数結合したものがヌクレオチド鎖である (図 4, d). A と T, G と C はそれぞれ DNA の二重らせん構造内で対をつくっている. 塩基同士は水素結合によって結び付いており, A と T では二つ, G と C では三つの水素結合によって結ばれている (図 5, a). したがって, 二重鎖の一方の塩基が決まれば, 相手の塩基は自動的に決定される. これを塩基の **相補的対合** という (図 5, b). DNA は **ヒストン** (histone) とよばれるタンパク質と結合して, 糸状の染色糸に分かれて存在する. 細胞分裂中には, 染色糸はコイル状に圧縮されて染色体を形成する.

DNA の複製

DNA の複製は, **半保存的複製モデル** (鋳型説, ワトソンとクリック) によって説明される (図 6). DNA の複製では, まず相対する 2 本のヌク

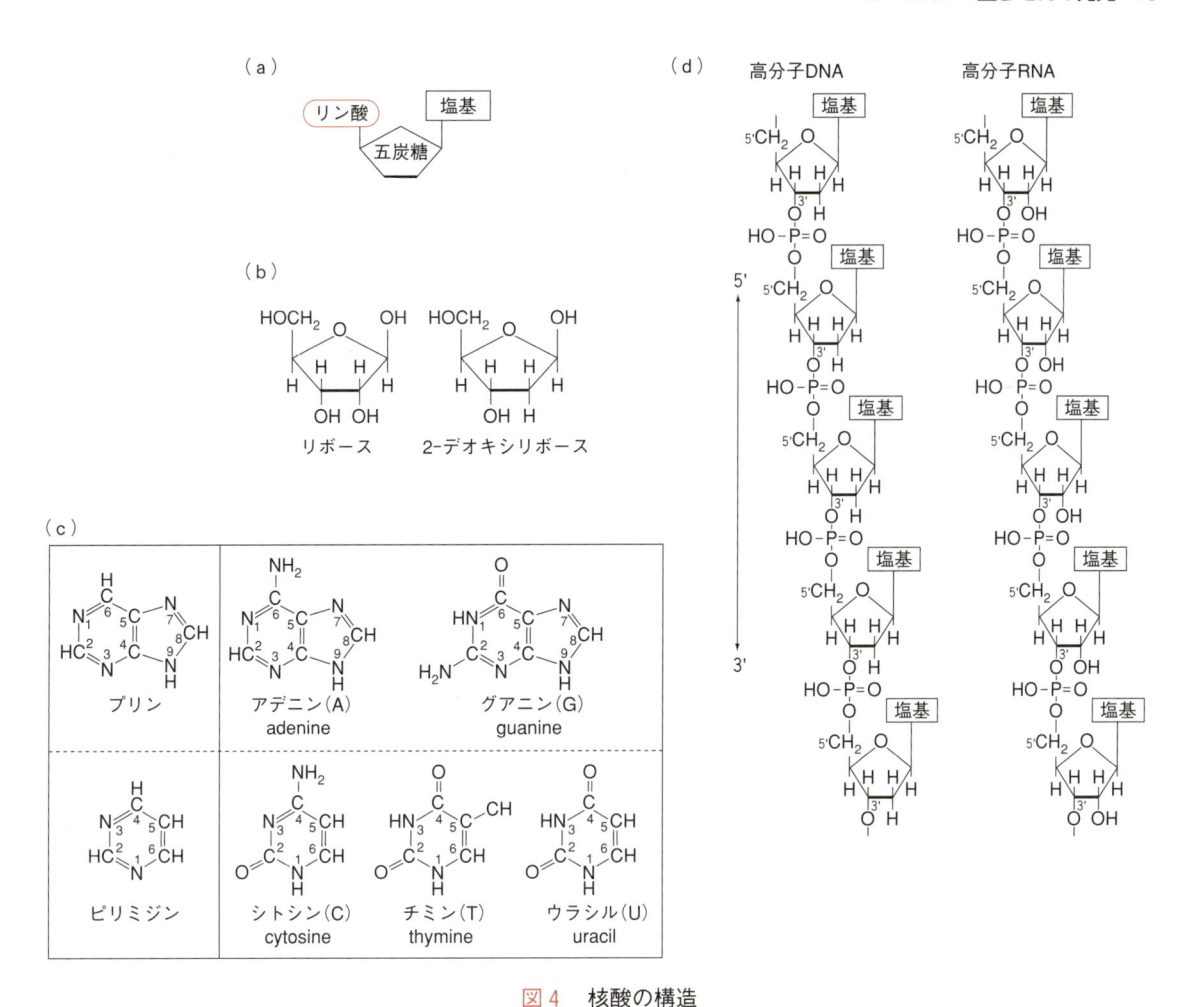

図4 核酸の構造
(a) 核酸(ヌクレオチド)の構造, (b) 五炭糖, (c) 塩基, (d) 一本鎖DNAとRNAの構造.

レオチド鎖の**塩基対**(base pair A＝T, G≡C)の**水素結合**(hydrogen bond)が**DNAヘリカーゼ**(DNA helicase)によって切れ, 二重らせんがほどけて一本鎖のDNAができる. 相手のなくなった塩基には, 相補性の成り立つ塩基をもつヌクレオチド(予め合成されて核内に存在する)が次々に水素結合していく. 新しいヌクレオチドは糖とリン酸で**DNAポリメラーゼ**(DNA polymerase)によって結合して, 新しいヌクレオチド鎖になり, もとの親分子のヌクレオチドと二重らせんを形成する. このようにできた子分子DNAの二重らせんのうち, 一方の鎖はもともとあった親分子のヌクレオチド鎖であり, これを**半保存的複製**(semiconservative replication)という.

図5　DNA の構造

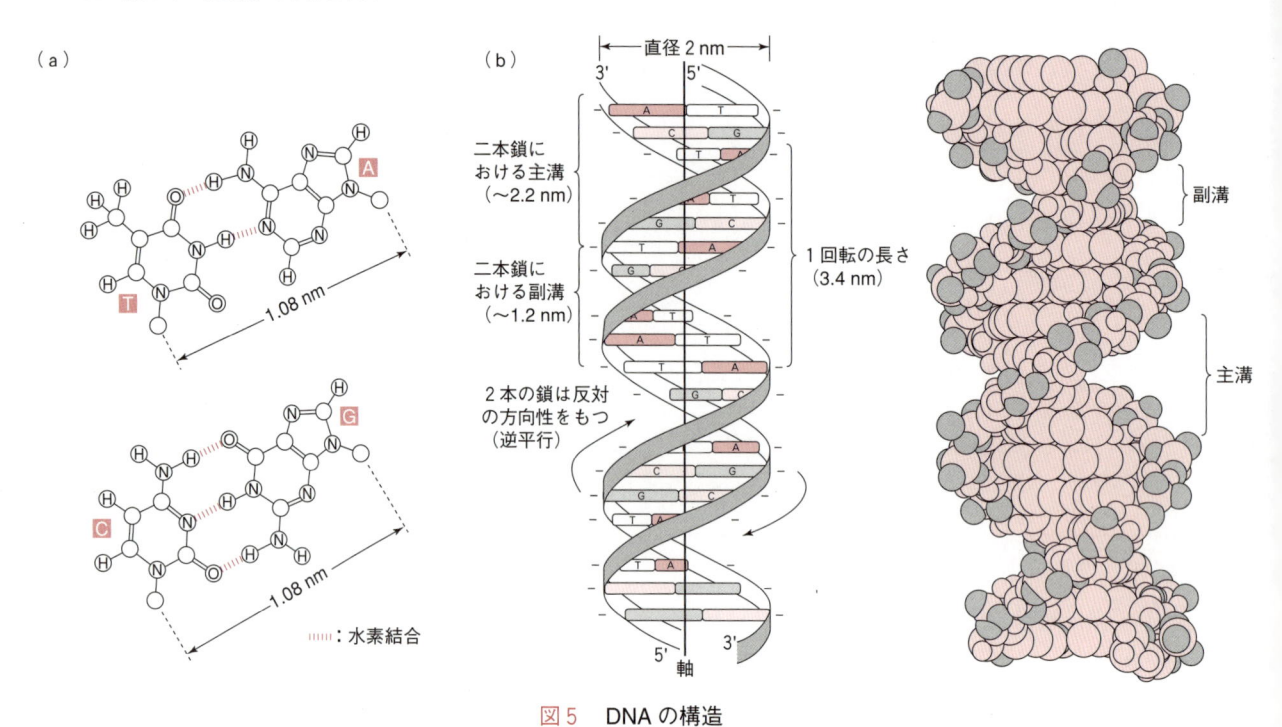

(a) 塩基対の水素結合，(b) 二本鎖 DNA の構造.
〔左はリボン型モデル，右は空間充填型モデル．らせんは右巻き，らせんの側面には深い溝(主溝)と浅い溝(副溝)がある〕．

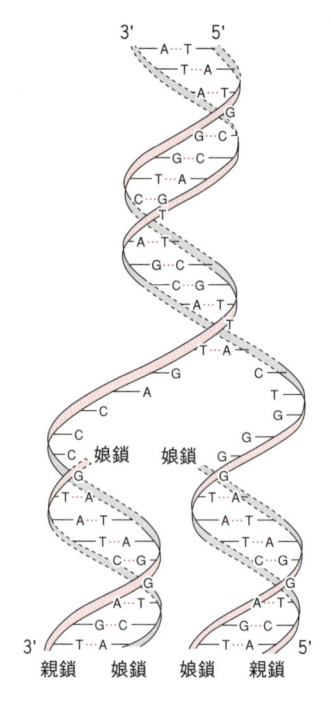

図6　DNA の半保存的複製モデル

メセルソンとスタールの実験

この**複製**(replication)のしくみは,アメリカのメセルソンとスタール(M. Meselson, F. Stahl)の大腸菌を用いた実験によって証明された(1958年,図7).^{15}Nを含む窒素化合物($^{15}NH_4Cl$)だけを窒素源とする培地で大腸菌を何代も培養すると,窒素として^{15}Nのみを含むDNAをもつ大腸菌が得られる.この大腸菌のDNAを抽出・分離し,^{15}Nだけを含む重いDNAが得られた.

次に^{15}Nだけを含む大腸菌を,ふつうの^{14}Nを含む培地に移して培養し,すべての菌が同調して分裂するように調整し,その分裂ごとにDNAを抽出・分離する.

1回目の分裂後には,^{15}Nと^{14}Nを半分ずつ含む中間の重さのDNAだけが得られた.すなわち,親の^{15}Nを含むヌクレオチド鎖が鋳型となり,培地の^{14}Nを使って,もう一方の鎖がつくられた.

2回目の分裂後には,中間の重さのDNAと^{14}Nだけを含む軽いDNAが1:1の比で得られた.

^{14}Nと^{15}N

窒素には,^{14}Nとその同位体^{15}Nがあり,質量の違いによって区別できる.

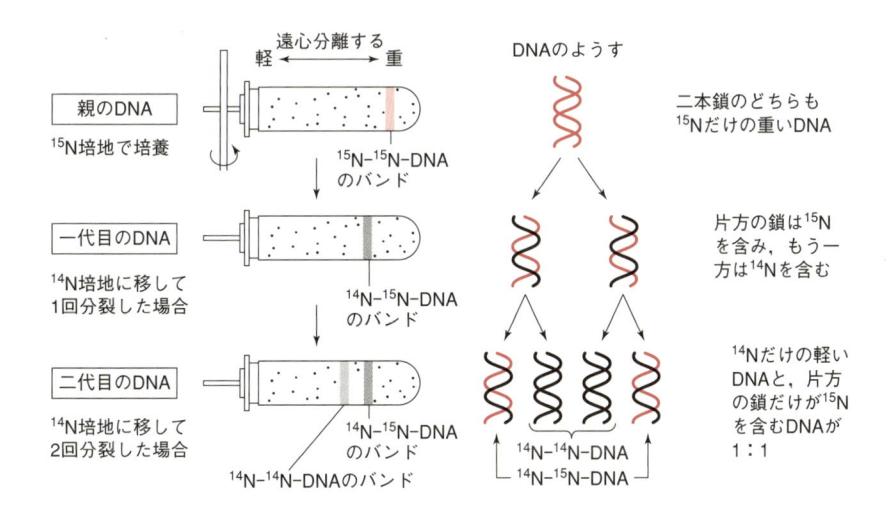

図7 メセルソンとスタールの実験
新しくできたDNA二本鎖のうち,1本は新しく複製されたもので,もう1本は前の代から受け継いだものである.

> **Keyword**
> - DNAの二重らせん構造モデルは，1953年ワトソンとクリックにより発表された
> - DNAは4種の塩基（アデニン，グアニン，シトシン，チミン）を含み，アデニンとチミン，グアニンとシトシンの量はそれぞれ等しい（シャルガフ，1949年）
> - DNAは2本のヌクレオチド鎖が向かい合い，特定の塩基同士が水素結合によって結び付いている
> - メセルソンとスタールの大腸菌を用いた実験により，DNAの半保存的複製が証明された

ビードルとテータムの実験

アメリカのビードルとテータム（George W. Beadle, Edward L. Tatum）は，実際に遺伝子が特定のタンパク質の生成を支配することによって形質発現を支配していることをアカパンカビを用いて証明した（1945年，図8）．アカパンカビの野生株は，グルコース，ビオチン，塩類のみを含む最少培地で増殖できる．野生株アカパンカビの胞子にX線を照射すると，最少培地では発育できない突然変異株を生じることがあり，これを栄養要求株という．栄養要求株の中から，生育にアルギニンを必要とするアルギニン要求株を選び，アルギニン合成過程を調べた．アルギニン要求株は次の3種類に分けられた．

Ⅰ型：最少培地にアルギニン，シトルリン，オルニチンのどれかを加えれば生育可能．
Ⅱ型：最少培地にアルギニンまたはシトルリンを加えれば生育可能．
Ⅲ型：最少培地にアルギニンを加えれば生育可能．

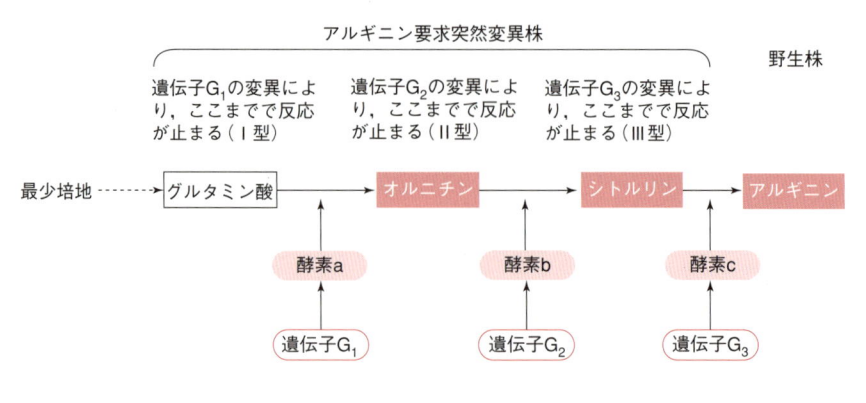

図8　ビードルとテータムの実験

Ⅰ～Ⅲ型の変異株が遺伝子の変異によってできたものであることを野生株との交配で確認した．アルギニンが肝臓の尿素回路の中間生成物であり，オルニチン→シトルリン→アルギニンの経路（オルニチン回路）はわかっていたので，Ⅰ型はオルニチンを，Ⅱ型はシトルリンを，Ⅲ型はアルギニンをつくる酵素に欠陥があり，それぞれの酵素の合成を支配する遺伝子が突然変異を起こして3種類の変異株が生じたと考えた．

以上の結果から，ビードルとテータムは，「遺伝子は，ある形質を示す物質合成を直接支配するのではなく，合成過程のそれぞれの反応を触媒する一つの酵素の合成を支配する」という**一遺伝子一酵素説**（one gene-one enzyme hypothesis）を唱えた．現在では，この説は，酵素のみでなく，すべてのタンパク質に当てはまることがわかっている．

現代における遺伝子の定義は，「高分子DNAのなかでタンパク質の一次構造（アミノ酸配列）あるいは非翻訳RNAの構造（塩基配列）を決定する情報をもった領域」と定義される．体細胞は両親由来の遺伝子を2組もっているので，**二倍体**（diploid）という．二倍体細胞のもつDNAの全体を**ゲノム**（genome）とよぶが，機能的には一倍体細胞（生殖細胞）のDNAをゲノムとし，二倍体細胞は2組のゲノムをもつとすることもある．

遺伝情報のRNAへの転写

タンパク質は，その構成単位であるアミノ酸20種類がペプチド結合によって多数結合したものである．特定のタンパク質を合成するためには，アミノ酸配列が決定されねばならない．これを決定する指令が遺伝情報であり，DNAの塩基配列である．

DNAがもつ遺伝情報はRNA（mRNA）に写し取られて核外へもちだされ，リボソームでタンパク質に合成される．RNAの構造も基本的にはDNAと同じで，塩基＋糖＋リン酸からなるヌクレオチドを構成単位としている（図4，d参照）．ただし，塩基としてはA，G，CはDNAと共通であるが，Tの代わりにウラシル（U）をもち，UとAが相補的に結合する（図4，c参照）．また，糖はデオキシリボースではなく，リボース（ribose）である（図4，b参照）．

RNAには次の3種類がある．

伝令（メッセンジャー）RNA（messenger RNA，**mRNA**）：核内でDNAから必要な部分を転写し，核膜孔から細胞質に出て，リボソームに結合する．

運搬（トランスファー）RNA（transfer RNA，**tRNA**）：特定のアミノ酸を結合して，リボソームまで運ぶ．

リボソームRNA（ribosomal RNA，**rRNA**）：タンパク質とともにリボソームを構成する．

コドン

連続した3塩基をコドンとよび，3塩基の組合せは64通り（$4^3 = 64$）ある．64種のうち3種のコドンはタンパク質合成の終止コドンなので，61種のコドンにより20種類のアミノ酸が決められていることになる．

終止コドン

UAG，UAA，UGAの三つのコドンはアミノ酸をコードしない．リボソームがこれらのコドンと出会うと，タンパク質合成が停止するので，これら三つのコドンは終止コドンとよばれている．

mRNAの塩基配列の3個の塩基の組合せ（三つ組，**トリプレット** triplet）が個々のアミノ酸を指定する**遺伝暗号**の基本単位となっており，**コドン**（codon）とよばれる（図9）．tRNAはコドンに対応する**アンチコドン**（anticodon）とよばれる三つ組塩基をもつ．

第一（5'末端）＼第二	U	C	A	G	第三（3'末端）
U	UUU Phe	UCU Ser	UAU Tyr	UGU Cys	U
	UUC Phe	UCC Ser	UAC Tyr	UGC Cys	C
	UUA Leu	UCA Ser	UAA 終止	UGA 終止	A
	UUG Leu	UCG Ser	UAG 終止	UGG Trp	G
C	CUU Leu	CCU Pro	CAU His	CGU Arg	U
	CUC Leu	CCC Pro	CAC His	CGC Arg	C
	CUA Leu	CCA Pro	CAA Gln	CGA Arg	A
	CUG Leu	CCG Pro	CAG Gln	CGG Arg	G
A	AUU Ile	ACU Thr	AAU Asn	AGU Ser	U
	AUC Ile	ACC Thr	AAC Asn	AGC Ser	C
	AUA Ile	ACA Thr	AAA Lys	AGA Arg	A
	AUG Met	ACG Thr	AAG Lys	AGG Arg	G
G	GUU Val	GCU Ala	GAU Asp	GGU Gly	U
	GUC Val	GCC Ala	GAC Asp	GGC Gly	C
	GUA Val	GCA Ala	GAA Glu	GGA Gly	A
	GUG Val	GCG Ala	GAG Glu	GGG Gly	G

図9　遺伝暗号表

mRNAのAUGはメチオニン（Met）の遺伝暗号であるとともに，翻訳のはじまりを示す開始コドンでもある．

Phe：フェニルアラニン，Leu：ロイシン，Ile：イソロイシン，Met：メチオニン，Val：バリン，Ser：セリン，Pro：プロリン，Thr：トレオニン，Ala：アラニン，Tyr：チロシン，His：ヒスチジン，Gln：グルタミン，Asn：アスパラギン，Lys：リジン，Asp：アスパラギン酸，Glu：グルタミン酸，Cys：システイン，Trp：トリプトファン，Arg：アルギニン，Gly：グリシン

遺伝情報がDNAからRNAに写し取られ（**転写**　transcription），それがタンパク質をつくる指令になる（**翻訳**　translation）．このことは**セントラルドグマ**（central dogma）としてクリックによって提案された（図10）が，現在では，特殊なウイルスを除いて，すべての生物で成り立っていることが明らかにされている．例外はエイズウイルスなどのRNAウイルスであり，これらのウイルスでは遺伝情報はRNAに蓄えられており，ウイルスが感染した細胞内でウイルス自身の遺伝情報によって逆転写酵素を合成し，RNAからDNAをつくることができる．

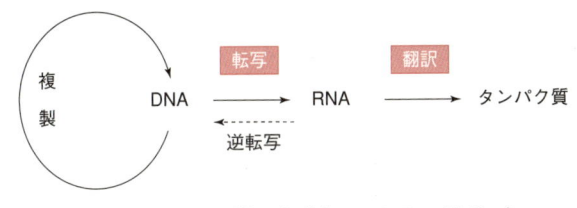

図10 タンパク質の合成（セントラルドグマ）

> **Keyword**
> ビードルとテータムによるアカパンカビを用いた実験により，一遺伝子一酵素説が証明された
> タンパク質の合成で重要な働きをするのが，伝令 RNA，運搬 RNA，リボソーム RNA である

タンパク質合成のしくみ

　タンパク質の合成は，遺伝情報の転写と翻訳によって行われる．まず，DNA の活性化された部分で塩基間の水素結合がはずれ，二重らせんがほどける（図11）．ほどけた DNA 鎖の一方の塩基配列に RNA のヌクレオチドが相補的に結合し，**RNA ポリメラーゼ**（RNA polymerase）によってつながって一本鎖の mRNA が形成される（**遺伝情報の転写**）．mRNA は核膜孔を通って細胞質に出て，リボソームに結合する．一方，細胞質中の tRNA は，それぞれ特定のアミノ酸と結合し，リボソームに運ぶ．次にリボソームが mRNA 上を端から移動し，mRNA のコドンと相補的なアンチコドンをもった tRNA が順に結合してアミノ酸を受け渡す．アミノ酸同士はペプチド結合によって連結され，終止コドンまで翻訳される．完成したタンパク質はリボソームから離れる．

　mRNA は転写されたままの状態では働かない．DNA は，アミノ酸配列を指定するための遺伝情報をもつ部分（**エキソン**　exon）と遺伝情報をもたない部分（**イントロン**　intron）からなる（図12）．DNA から mRNA が合成されるときには，イントロンを含む DNA がそのまま RNA に転写され，mRNA の前駆体ができる．これからイントロンの部分が切断されて捨てられる．残されたエキソン部分の RNA がつながれて mRNA が完成する．この過程を**編集**（**スプライシング**　splicing）という．イントロンはアミノ酸配列の情報をもっていないので，定義からは遺伝子でないことになるが，イントロン部分を含めて遺伝子とよぶのが一般的である．

第8章 遺伝子の本体 DNA

DNAの遺伝情報
（トリプレット）
↓
mRNAへの
遺伝情報の転写
↓
（核膜孔）
↓
遺伝情報のリボソーム上での翻訳
↓
タンパク質合成
↓
形質発現

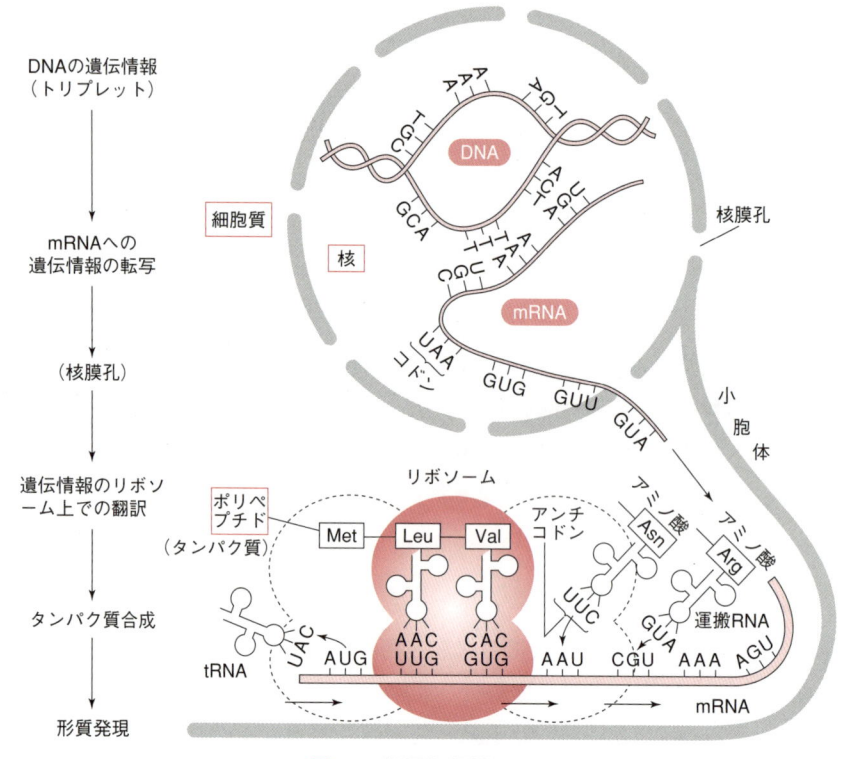

図11 転写と翻訳のしくみ

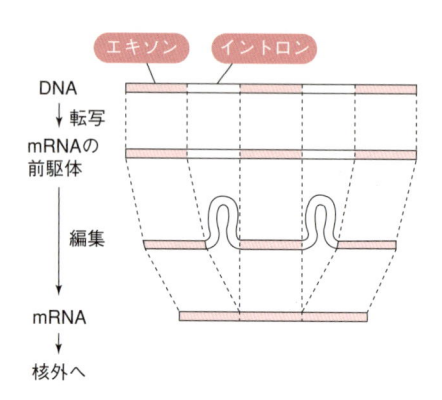

図12 スプライシング（編集）によるmRNAの合成

Keyword

タンパク質合成のしくみ
　遺伝情報の転写　エキソン　イントロン　スプライシング

3　DNAと突然変異

DNAの遺伝情報は塩基1個の違いによって，指定されるアミノ酸が変化しても重大な結果をもたらすことがある(点突然変異　point mutation)．ヒトの鎌状赤血球貧血という遺伝性疾患では，酸素分圧が低いと赤血球が鎌のように変形し，溶血を起こして貧血になる．ヘモグロビンはα鎖2本とβ鎖2本の合計4本のサブユニットが立体的に配置しているが，鎌状赤血球貧血ではβ鎖の6番目のアミノ酸がグルタミン酸(glutamic acid)からバリン(valine)に置き換わっている．これは，β鎖の6番目のアミノ酸を指定するDNA鎖(センス鎖)のGAGがGTGへと点突然変異を起こしたためである．

現在では遺伝性疾患の多くが遺伝子DNAの突然変異によってもたらされることが明らかにされている．突然変異の原因は塩基配列の変化のみでなく，余分なDNAが挿入されたり，逆に欠落することでも生じる．

> **二本鎖DNA**
> 二本鎖DNAにおいて，転写の鋳型となるDNA鎖をアンチセンス鎖とよび，鋳型にならないDNA鎖をセンス鎖とよぶ．

4　遺伝情報の調節

大腸菌は通常はグルコースをエネルギー源として利用しており，ラクトース(乳糖)を与えてもすぐには利用できない．しかし，しばらくするとラクトースを分解する酵素(β-ガラクトシダーゼ)ができ，ラクトースを利用できるようになる(酵素合成の誘導)．フランスのジャコブ(Francois Jacob)とモノー(Jacques L. Mond)は酵素合成誘導を次のように説明した(1961年，図13)．

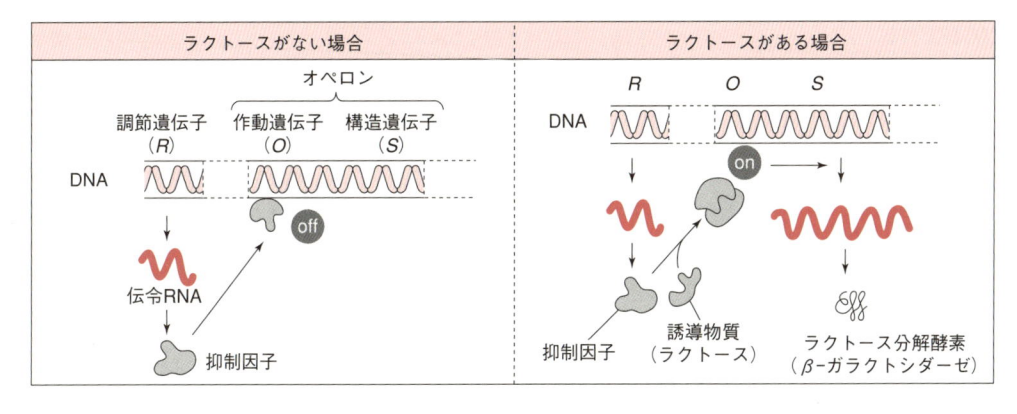

図13　オペロン説による酵素合成誘導のしくみ

DNA上では，タンパク質を合成する構造遺伝子とこれに接した作動遺伝子(operator gene, O)とで作動単位(オペロン　operon)を構成する．作動遺伝子は調節遺伝子(regulatory gene, R)の指令でつくられた抑制因子(リプレッサー　repressor)の働きで，構造遺伝子(structural gene, S)

の活性化の入切スイッチの切換えをする.

　大腸菌のβ-ガラクトシダーゼの場合,ラクトースがないときは,抑制因子が作動遺伝子の働きを抑制するため酵素が合成されない.

　ラクトースがあると,ラクトースが抑制因子と結合し,抑制因子の働きが抑制される.その結果,作動遺伝子が働き,構造遺伝子が活性化されてラクトース分解酵素が合成される.

　ヒトなどの真核生物では遺伝子発現の調節は,原核生物である大腸菌の例よりもはるかに複雑であることがわかっている.mRNAに転写されるDNA領域の前の部分にはRNAポリメラーゼが結合する**プロモーター**(promoter)とよばれる領域があり,そこにRNAポリメラーゼが結合すると転写が開始される.プロモーターは前部と後部に分かれており,前部には転写を調節する種々の因子が結合して転写を促進する.後部に基本転写因子が結合すると,RNAポリメラーゼがプロモーターに続く部分に結合して転写が開始される.

　いろいろな遺伝子の発現は調節遺伝子の働きによって調節され,その結果,細胞や組織・器官の分化が起こる.

> **Keyword**
> 酵素合成の誘導による遺伝情報の調節はジャコブとモノーにより説明された
> オペロン　リプレッサー　プロモーター

5　分子生物学の今後

　広い意味でのバイオテクノロジーは人類が昔から利用してきた技術である.微生物による発酵食品の生産,作物・家畜の品種改良などである.現代のバイオテクノロジーは遺伝子の操作技術を用いた生物学への応用である.遺伝子組換え,トランスジェニック生物(遺伝子導入生物),単クローン抗体,クローン動物,遺伝子治療など多くの応用が進められている.それとともに倫理的な問題も浮かび上がってきた.

　2000年6月26日には,アメリカのクリントン大統領とイギリスのブレア首相は同時に,ヒトゲノムの解読の概要が完了したと宣言した.分子生物学はポスト・ゲノムの新たな時代に入った.

ヒトゲノムプロジェクト

1991年からヒトゲノムの完全解読を目指し,日本,アメリカ,イギリス,フランス,ドイツ,中国の6か国が参加して,共同作業で進められた.2003年4月14日には,ヒトゲノムの解読完了が宣言された.今回,ヒトゲノムの99%に相当する約29億個からなる塩基配列が決まった.日本は全体の約6%を解読し,アメリカの約59%,イギリスの約31%につぐ成績だった.このデータを解析した結果,ヒトのタンパク質をつくりだす遺伝子は,およそ2万2千個あることが判明した.

Column

マンモスは復活するか？

　しばらく前に「ジュラシック・パーク (Jurassic Park)」という映画が公開された．その中では中生代の恐竜が甦る．ジュラシックというのは恐竜が栄えた中生代ジュラ紀（2億500万年前～1億3500万年前）のことである．恐竜の再生は不可能であるが，いま，マンモスを復活させようとしている人たちがいる．

　恐竜が絶滅したのは約6500万年前であるのに対し，マンモスが姿を消したのはわずか約1万年前のことである（その絶滅には，ほかならぬ私たち人類が関わっているかもしれない）．恐竜のDNAが現在まで残っていることはないと思われるので，ジュラシック・パークは永久に開園しないであろう．しかし，マンモスの場合は絶滅したのがごく最近なので，残っているDNAから再生が可能かもしれないのである．マンモスの再生には次の二つの方法が考えられる．

　一つは，まずシベリアの永久凍土から雄のマンモスを発掘し，精巣から取りだした精子のうちX染色体をもつものをY染色体をもつものから分ける．マンモスの雌もいないので，マンモスに最も近いアジアゾウの雌の卵を取ってきて，精子のDNAを注入する．これをゾウの子宮に戻して雑種個体（XXで雌になる）をつくると，50%マンモスになる．この個体から卵（50%マンモス）を取りだして，マンモスの精子（100%マンモス）で受精して再び雑種個体をつくると，75%マンモスになる．これを繰り返すと，7代目で99%マンモスになるというわけである．

　もう一つの方法は，クローン羊，ドリーをつくった体細胞クローンの最新技術を用いる．冷凍マンモスの体細胞から核を取りだし，核を除いたアジアゾウの未受精卵に移植し，核を初期化して発生を開始し，アジアゾウの子宮に戻すのである．

　いつの日か，動物園でマンモスが見られるかもしれない．

章末問題

1 次の文のカッコ内に適切な語を入れなさい．
(1) DNA は，単糖である（ ① ），（ ② ），および塩基からなる（ ③ ）がつながってできる高分子化合物である．
(2) DNA を構成する塩基には 4 種類あり，2 本の（ ③ ）鎖の塩基は（ ④ ）と（ ⑤ ），（ ⑥ ）と（ ⑦ ）がそれぞれ対になって結合し，はしご状になり，これがねじれて（ ⑧ ）構造をつくっている．
(3) DNA がもつ遺伝情報は（ ⑨ ）の配列順序によって決まる．
(4) RNA は，単糖である（ ⑩ ），（ ② ），および塩基からなる．塩基は DNA の（ ⑤ ）の代わりに（ ⑪ ）になっている．

2 タンパク質の合成に関する文章である．カッコ内に適切な語を入れなさい．
(1) 核内の DNA がもっている遺伝情報は RNA に転写され，スプライシングを受けて（ ① ）となり，（ ② ）を通って細胞質に出る．
(2) 細胞質に出た（ ① ）は，タンパク質合成の場である（ ③ ）に達する．
(3) 細胞質中の（ ④ ）は，それぞれ特定のアミノ酸と結合し，これを（ ③ ）に運ぶ．
(4) アミノ酸は（ ⑤ ）結合によって結合し，タンパク質が合成される．

巻末資料

資料❶ 略語

ACP	acid phosphatase	酸性ホスファターゼ
ACTH	adrenocorticotropic hormone	副腎皮質刺激ホルモン
ADA	adenosine deaminase	アデノシンデアミナーゼ
ADH	antidiuretic hormone	抗利尿ホルモン
ADP	adenosine 5′-diphosphate	アデノシン5′-二リン酸
AIDS	acquired immunodeficiency syndrome	後天性免疫不全症候群
ALP	alkaline phosphatase	アルカリ性ホスファターゼ
ALT	alanine aminotransferase	アラニンアミノトランスフェラーゼ
AMP	adenosine 5′-monophosphate	アデノシン5′-一リン酸
APC	antigen presenting cell	抗原提示細胞
AST	aspartate aminotransferase	アスパラギン酸アミノトランスフェラーゼ
ATP	adenosine 5′-triphosphate	アデノシン5′-三リン酸
BMI	body mass index	体格指数
BSE	bovin spongiform encephalopathy	ウシ海綿状脳症
cAMP	cyclic adenosine 3′,5′-monophosphate	サイクリックアデノシン3′-5′-一リン酸
CCK	cholecystokinin	コレシストキニン
CGRP	calcitonin gene-related peptide	カルシトニン遺伝子関連ペプチド
CJD	Creutzfelddt-Jakob disease	クロイツフェルト・ヤコブ病
CRH	corticotropin-releasing hormone	副腎皮質刺激ホルモン放出ホルモン
CT	calcitonin	カルシトニン
DG	diacylglycerol	ジアシルグリセロール
DNA	deoxyribonucleic acid	デオキシリボ核酸
FSH	follicle-stimulating hormone	卵胞刺激ホルモン
GH	growth hormone	成長ホルモン
GIF	somatostatin (growth hormone-release-inhibiting hormone)	ソマトスタチン (成長ホルモン放出抑制ホルモン)
GOT	glutamic-oxaloacetic transaminase	グルタミン酸オキサロ酢酸トランスアミナーゼ
GPT	glutamic-pyruvic transaminase	グルタミン酸ピルビン酸トランスアミナーゼ
GRH	growth hormone-releasing hormone	成長ホルモン放出ホルモン
HCG	human chorionic gonadtropin	ヒト絨毛性ゴナドトロピン
HDL	high-density lipoprotein	高比重リポタンパク質
HIV	human immunodeficiency virus	ヒト免疫不全ウイルス
HLA	human leukocyte antigen	ヒト白血球抗原
HMG-CoA	hydroxymethylglutaryl-CoA	ヒドロキシメチルグルタリルCoA
HSP	heat shock protein	熱ショックタンパク質
IDL	intermediate density lipoprotein	中間比重リポタンパク質
LDH	L-lactate dehydrogenase	乳酸デヒドロゲナーゼ
LDL	low-density lipoprotein	低比重リポタンパク質
MHC	major histocompatibility complex	主要組織適合性複合体
mRNA	messenger RNA	伝令(メッセンジャー)RNA
NADH	nicotinamide adenine dinucleotide	ニコチンアミドアデニンジヌクレオチド
rRNA	ribosomal RNA	リボソームRNA
tRNA	transfer RNA	運搬(トランスファー)RNA
VLDL	very low-density lipoprotein	超低比重リポタンパク質

資料❷ 生物学史年表

年代	おもな業績	人名(国名)	関連する章
1590	顕微鏡の発明	ヤンセン父子(オランダ)	第1章
17世紀	自然発生説の誤りを指摘	レディ(イタリア 1626～1697)	第1章
1665	コルク片に小部屋を発見し,細胞と名づけた	フック(イギリス 1635～1703)	第1章,第2章
1674	顕微鏡を自作. その後精子(1677), 細菌(1683), 酵母を発見	レーウェンフック (オランダ 1632～1723)	第1章,第2章
1796	天然痘ワクチンの開発	ジェンナー(イギリス 1749～1823)	第6章
1831	ラン植物の葉の表皮細胞から核の発見	ブラウン(イギリス 1773～1858)	第1章,第2章
1838	植物細胞説の発表	シュライデン(ドイツ 1804～1881)	第1章
1839	動物細胞説の発表	シュワン(ドイツ 1810～1882)	第1章,第2章
1839	タンパク質を「プロテイン」と命名	ムルダー(オランダ 1802～1880)	第4章
1858	細胞説の発表	フィルヒョー(ドイツ 1821～1902)	第1章
1861	自然発生説の否定	パスツール(ドイツ 1822～1895)	第1章
1865	ホメオスタシスの概念を提唱	ベルナール(フランス 1813～1878)	第6章
	遺伝の法則を発表	メンデル (オーストリア 1822～1884)	第7章
1869	膵臓のランゲルハンス島の発見	ランゲルハンス (ドイツ 1847～1888)	第6章
	ヌクレイン(核酸)の発見	ミーシャ(スイス 1844～1895)	第8章
1897	酵母の無細胞抽出液(チマーゼ)によるアルコール発酵の発見	ブフナー(ドイツ 1860～1917)	第3章
1900	アドレナリンの単離・構造決定	高峰譲吉(日本 1854～1922)	第6章
	メンデルの法則の再発見	ド・フリース (オランダ 1848～1935), コレンス(ドイツ 1864～1933), チェルマク(1871～1962)	第7章
1901	突然変異説提唱	ド・フリース	第7章
1902	ホルモンの発見	ベイリス(イギリス), スターリング (イギリス 1866～1927)	第6章
1904	脂肪酸のβ酸化の発見	クヌープ(ドイツ 1881～1930)	第3章
	鎌状赤血球の発見	ヘリック(アメリカ)	第5章
1921	インスリンの発見	バンティング (カナダ 1891～1941), マクラウド(アメリカ 1876～1935)	第6章
1926	キイロショウジョウバエの遺伝地図を作成. 遺伝子地図	モーガン(アメリカ 1866～1945)	第7章
1928	肺炎双球菌の実験(形質転換)	グリフィス(イギリス)	第8章
1929	ATPの発見	ローマン(ドイツ 1898～1978)	第3章

年 代	おもな業績	人名(国名)	関連する章
1937	クエン酸回路の発見	クレブス（ドイツ，イギリス 1900～1981）	第3章
1940	解糖系の全容解明	エムデン(ドイツ)，マイヤーホフ(ドイツ)ほか多数の研究者たちの努力で成し遂げられた	第3章
1942	ATP-アクトミオシン系の発見	セント＝ジェルジ（ハンガリー，アメリカ 1893～1986）	第5章
1944	DNAが遺伝子の本体であると示唆	アベリーら(アメリカ)	第8章
1945	一遺伝子一酵素説の発表	ビードル(アメリカ 1903～1989)，テータム(アメリカ 1909～1975)	第8章
1949	アデニンとチミン，グアニンとシトシンの量が等しいことを証明	シャルガフ(アメリカ 1905～)	第8章
1952	T_2ファージ増殖のしくみを解明	ハーシー(アメリカ 1908～1997)とチェイス(アメリカ)	第8章
1953	DNAの二重らせん構造の発見	ワトソン(アメリカ 1928～)，クリック(イギリス 1916～2004)	第4章，第8章
1954	滑り説(筋収縮のしくみ)を提唱	ハックスリー(イギリス 1917～)	第5章
1956	インスリンのアミノ酸配列(一次構造)の決定	サンガー(イギリス 1918～)	第4章
1958	DNAの半保存的複製の仮説の証明	メセルソン，スタール(アメリカ)	第8章
1959	X線結晶解析によるミオグロビンおよびヘモグロビンの立体構造(三次構造)の解明(初めて，立体構造が明らかになったタンパク質として有名である)	ペルーツ(イギリス 1914～)，ケンドルー(イギリス 1886～1972)	第5章
1961	ATP合成に関係する化学浸透圧説を提唱	ミッチェル(イギリス 1920～1992)	第3章
	酵素合成誘導の証明	ジャコブ(フランス 1920～)，モノー(フランス 1910～1976)	第8章
1976	免疫における抗体の多様性を遺伝子レベルで解明	利根川進(日本 1939～)	第6章
1982	プリオンの発見	プルシナー(アメリカ 1942～)	第4章
1983	ヒト免疫不全ウイルス(HIV)の発見	モンタニエ(フランス 1932～)，ギャロ(アメリカ 1937～)	第6章
1985	ウシ海綿状脳症(BSE)の発見	イギリス	第4章
1987	現代人のアフリカ起源説(ミトコンドリア・イヴ)	キャン(アメリカ)	第2章
2000	ヒトゲノム概要の決定		第8章
2001	BSEの最初の症例が発見される	日本	第4章
2003	ヒトゲノム解読完了宣言	日本，アメリカ，イギリス，フランス，ドイツ，中国	第8章

資料❸ 血液検査の基準値

	項目		基準値	高値をとる疾患・病態	低値をとる疾患・病態
血球検査	赤血球数(RBC)	万/μℓ	男 420～550　女 380～480	脱水症、赤血球増加症、多血症	各種の貧血、白血病、腎不全
	ヘモグロビン(Hb)・血色素量	g/dℓ	男 13.5～17.0　女 11.5～14.5	赤血球数と同じ	赤血球数と同じ
	平均赤血球容積(MCV)	fℓ	男 85～102　女 83～98	大球性貧血	小球性貧血
	平均赤血球血色素濃度(MCH)	pg	男 29～34　女 28～33	—	低色素性貧血
	白血球数(WBC)	/μℓ	4,000～9,000	白血病、組織壊死(心筋梗塞、火傷)	腸チフス、リケッチア、ウイルス性疾患
	血小板数(PLT)	万/μℓ	15～35(13～37)	鉄欠乏性貧血、溶血性貧血	急性白血病、再生不良性貧血
	赤血球沈降速度・赤沈(ESR)・血沈	mm/時	男 2～10　女 3～15	肺炎、胸膜炎、悪性腫瘍	多血症、心臓性浮腫
血液生化学検査	【タンパク質】				
	総タンパク(TP)	g/dℓ	6.5～8.0	脱水症、高グロブリン血症	ネフローゼ、タンパク不足
	アルブミン(Alb)	g/ℓ	≧4.0(3.8～5.3)　[高齢者で低値の傾向]	—	ネフローゼ、腎炎、肝疾患、出血、栄養不良
	【糖質】				
	血糖(グルコース):早朝空腹時(FBS)	mg/dℓ	<110(70≦～≦109)	糖尿病、肝疾患、脳障害	高インスリン血症、肝疾患、腸管吸収不良
	ヘモグロビン A1c(Hb A1c)	%	4.3～5.8	高血糖状態の持続	赤血球寿命短縮
	【脂質】				
	総コレステロール(TC)	mg/dℓ	<220(130≦～≦119)	高脂血症	肝硬変
	トリグリセリド(TG)(中性脂肪):空腹時	mg/dℓ	<150(≦149)	高脂血症	甲状腺機能亢進症、アジソン病
	HDL-コレステロール:空腹時	mg/dℓ	男 40～(89)　女 40(50)～(99)	—	低HDL-コレステロール血症
	LDL-コレステロール:空腹時	mg/dℓ	<140(≦139)	高LDL-コレステロール血症	—
	【酵素】				
	AST(GOT)	IU/ℓ	≦35	肝炎、心筋梗塞、肝硬変	透析
	ALT(GPT)	IU/ℓ	≦35(40)	肝炎、脂肪肝	透析
	乳酸脱水酵素(LD, LDH)	IU/ℓ	≦240[加齢で高値の傾向:60歳以上で260]	肝炎、心筋梗塞、悪性腫瘍、悪性貧血、悪性リンパ腫、皮膚筋炎	—

	項目	単位	基準値	高値を示す病態	低値を示す病態
血液生化学検査	総ビリルビン（T-Bil）	mg/dℓ	≦1.0	肝炎、肝硬変、肝がん、胆石症、溶血性貧血	—
	アルカリホスファターゼ（ALP）	IU/ℓ	男 ≦320　女 20〜44歳 ≦260　女 45歳以上 ≦360	胆管炎、肝がん、閉塞性黄疸	亜鉛欠乏
	γ-GTP	IU/mℓ	≦55(40)　(男 ≦60　女 ≦30)	アルコール性肝障害、閉塞性黄疸	—
	コリンエステラーゼ（ChE）	IU/ℓ	男 203〜450　女 179〜354	脂肪肝、ネフローゼ症候群	肝硬変、肝がん
	【含窒素成分】				
	尿素窒素（BUN）	mg/dℓ	8〜20	タンパク質摂取過剰、腎疾患、高血圧	低タンパク食、リポイドネフローゼ、急性肝不全
	クレアチニン（Cre）	mg/dℓ	男 ≦1.1　女 ≦0.8	腎不全、巨人症、尿路閉塞	筋ジストロフィー、甲状腺機能低下症
	尿酸（UA）	mg/dℓ	男・女 ≦7.0	痛風、腎不全、心不全、血液疾患	ウィルソン病、妊娠
	アンモニア（NH₃）	μg/dℓ	≦70（採血後直ちに測定）	肝性黄疸、劇症肝炎	タンパク質摂取不足、貧血
	【電解質、金属】				
	ナトリウム（Na）	mEq/ℓ	136〜146	腎機能低下、水分不足（発汗）、食塩過剰摂取	Na 摂取不足、Na 過剰損失、アシドーシス
	カリウム（K）	mEq/ℓ	3.5〜5.0(3.7〜4.8)	腎不全、酸塩基平衡障害	摂取不足、腎不全、過剰損失
	クロール、塩素（Cl）	mEq/ℓ	98〜108	脱水、腎不全、呼吸性アルカローシス	摂取不足、尿崩症
	カルシウム（Ca）	mg/dℓ	8.5〜10.2　低アルブミン時：Alb＜4 g/dℓ の場合の血清 Ca 補正値＝血清 Ca 測定値＋(4.0 − Alb)	ビタミン D 過剰摂取、骨粗鬆症	腎不全、低タンパク血症
	無機リン（P）	mg/dℓ	2.5〜4.5	腎不全、骨疾患	ビタミン D 欠乏
	マグネシウム（Mg）	mg/dℓ	1.8〜2.6	腎不全、糖尿病性昏睡	利尿剤投与、アルコール性肝硬変、吸収不良症候群
	鉄（Fe）	μg/dℓ	男 60(80)〜200　女 50(70)〜160	再生不良性貧血、急性肝炎、肝硬変	鉄欠乏性貧血、大量出血、悪性腫瘍
	銅（Cu）	μg/dℓ	70〜130	胆եi疾患、貧血	低タンパク血症、貧血、ネフローゼ
	亜鉛（Zn）	μg/dℓ	80〜160	溶血性貧血、赤血球増加症	肝胆道疾患、貧血、白血病

章末問題解答

第 2 章

1 d
2 a ③, b ⑤, c ②, d ④, e ①
3 上皮組織：c, f, g　支持組織：a, d, e, i　筋組織：b, k　神経組織：h, j
4 ① 始原生殖細胞，② 卵原細胞，③ 精原細胞，④ 一次精母細胞，⑤ 精細胞．

第 3 章

1 ATPとは，アデノシン三リン酸(adenosine triphosphate)の略語で，細菌から動植物に至るすべての生物に共通したエネルギー物質である．
2 ① 乳酸，② エタノール(エチルアルコール)，③ 二酸化炭素，④ 解糖，⑤ 発酵，⑥ ピルビン酸 (ただし，②と③は入れ替え可)．
3 ピルビン酸1分子から15分子のATPが生成する．(表1参照)．
4 ① ミトコンドリア，② β酸化．

第 4 章

1 タンパク質はアミノ酸からなる高分子化合物で，タンパク質を構成するアミノ酸は20種類ある．
2 ① リパーゼ，② モノアシルグリセロール，③ 脂肪酸，④ 小腸 (ただし，②と③は入れ替え可)．
3 1モルのステアリン酸(284 g)から18モルの水(18 × 18 g)が生成するので，ステアリン酸1 gが酸化されたときに生じる代謝水は，
18 × 18(g)／284(g) × 1 (g) ＝ 1.14(g) となる．

第 5 章

1 ① 細胞，② 組織，③ 器官，④ 個体．
2 赤血球の役割は酸素の運搬である．赤血球の細胞質ゾルには酸素運搬を担うヘモグロビンが多数含まれており，ヘモグロビンは肺で受け取った酸素を全身の細胞に送り届けている．
3 白血球は顆粒球，単球，リンパ球の3種類に分類され，顆粒球はさらに好中球，好酸球，好塩基球に区別される．白血球は病原体などから生体を守る防御機能(免疫機能)をもつ．
4 血小板は，破れた血管壁を真っ先に塞ぎ，出血を食い止める一次止血を行う．
5 ① 7.4，② 0.05，③ 重炭酸，④ 肺，⑤ 腎臓，⑥ アシドーシス，⑦ アルカローシス (ただし，③については，リン酸，血漿タンパク，ヘモグロビンなどでも可)．

第 6 章

1 ホメオスタシスとは，「生物が体内環境の変化を一定の範囲内に収めて生命を維持していること」，すなわち「恒常性の維持」を意味する用語である．
2 ① 自律，② 交感，③ 副交感，④ 拮抗 (ただし，②と③は入れ替え可)．
3 ホルモンとは，生体の恒常性を維持するために働く，内分泌系の化学伝達物質である．ホルモンは特定の内分泌腺でつくられ，血流を介して標的細胞(器官)に行き，その細胞の働きを調節する．
4 免疫とは，かつては「伝染病(疫病)を免れること」という意味合いがあったが，今日では，免疫とは「自己(自分)と非自己(自分以外の外来の異物)を見分けて，非自己を排除しようとする生体の働き」と解釈されている．
細胞性免疫とは，胸腺由来のT細胞が主体となる免疫システムである．一方，体液性免疫とは，骨髄由来のB細胞が産生する抗体が中心的な役割を果たす免疫システムである．
5 卵，乳，小麦，そば，落花生，えび，かに (表2参照)．

第 7 章

1 (1) 独立の法則，(2) 優性の法則，(3) 分離の法則．
2 男性の遺伝子型がBBの場合は，B型とAB型が1：1の比で生まれる．
BO型の場合は，A：B：AB ＝ 1：2：1の比で生まれる．
3 (1) 44本，(2) 男性：44 + XY，女性：44 + XX，(3) 47本．

第 8 章

1 ① デオキシリボース，② リン酸，③ ヌクレオチド，④ アデニン，⑤ チミン，⑥ グアニン，⑦ シトシン，⑧ 二重らせん，⑨ 塩基，⑩ リボース，⑪ ウラシル．
2 ① 伝令RNA(mRNA)，② 核膜孔，③ リボソーム，④ 運搬RNA(tRNA)，⑤ ペプチド．

索　引

事項索引

あ

アクチン繊維	actin filament	11
アシドーシス	acidosis	48
アストログリア	astroglia	15
アセチル CoA	acetyl coenzyme A	27, 28
アデニル酸シクラーゼ	adenylate cyclase	56
アデニン	adenine	82
アデノシン 5′-三リン酸	adenosine triphosphate	23
アデノシン 5′-二リン酸	adenosine diphosphate	23
アドレナリン	adrenaline	59
アベリーの実験	Avery experiment	80
アミノ酸	amino acid	34
アミン	amine	56
アラキドン酸	arachidonic acid	36
rRNA	ribosomal RNA	87
アルカローシス	alkalosis	48
アレルギー	allergy	64
アレルゲン	allergen	64
アンチコドン	anticodon	88
異染色質	heterochromatin	8
一遺伝子一酵素説	one gene - one enzyme hypothesis	87
一次止血	primary hemostasis	48
遺伝	heredity	3
遺伝暗号	genetic code	88
遺伝子	gene	70
遺伝子突然変異	genetic mutation	78
遺伝情報	genetic information	34
——の転写	transcription of genetic information	89
インスリン	insulin	59
イントロン	intron	89
ウイルス	virus	3
ウシ海綿状脳症	bovin spongiform encephalopathy	36
運搬 RNA	transfer RNA	87
AIDS	acquired immune deficiency syndrome	63
HIV	human immunodeficiency virus	63
HDL	high-density lipoprotein	37
エキソサイトーシス	exocytosis	9
エキソン	exon	89
ATP	adenosine triphosphate	8, 24
ADP	adenosine diphosphate	24
ABO 式血液型	ABO blood groups	73
mRNA	messenger RNA	34, 87
LDL	low-density lipoprotein	37
塩基対	base pair	83
エンドサイトーシス	endocytosis	9
エンドソーム	endosome	10
オペロン	operon	91
オペロン説	operon theory	91
オリゴデンドログリア	oligodendroglia	15

か

解糖	glycolysis	25
解糖系	glycolytic pathway	25
外分泌腺	exocrine gland	13
化学浸透圧説	chemiosmotic hypothesis	30
核酸	nucleic acid	79
核小体	nucleolus	8
獲得免疫	acquired immunity	60
カスケード反応	cascade reaction	56
褐色脂肪細胞	brown fat cell	38
滑面小胞体	smooth ER	9
鎌状赤血球	sickle cell	47, 91
鎌状赤血球貧血	sickle cell anemia	47
環境変異	environmental variation	76
緩衝系	buffer system	48
肝臓	liver	24
含硫アミノ酸	sulfur-containing amino acid	81
器官	organ	5, 16, 43
器官系	organ system	5, 16, 43
希突起膠細胞	oligodendroglia	15

胸腺	thymus	60
キラーT細胞	killer T cell	62
キロミクロン	chylomicron	37
筋組織	muscular tissue	15
グアニン	guanine	82
クエン酸回路	citric acid cycle	27
組換え	genetic recombination	74
組換え価	recombination value	74
グリア細胞	glia	15
クリステ	cristae	8, 29
グリフィスの実験	Griffith experiment	79
グルカゴン	glucagon	59
グルココルチコイド	glucocorticoid	59
グルコース	glucose	24
グルタミン酸	glutamic acid	91
クレブス回路	Krebs cycle	27
クロマチン	chromatin	8
形質転換	transformation	80
血液	blood	14, 44
血液検査	blood test	51
血球	blood cell	44
結合組織	connective tissue	13
血漿	blood plasma	44, 48
血小板	platelet	48
血糖値	blood glucose	59
血友病	zygote	76
ゲノム	genome	87
嫌気呼吸	anaerobic respiration	24
減数分裂	meiosis	17
高エネルギーリン酸結合	high-energy phosphate bond	24
交感神経系	sympathetic nervous system	54
好気呼吸	aerobic respiration	24
抗原	antigen	61
抗原抗体反応	antigen-antibody reaction	62
構造遺伝子	structural gene	91
後天性免疫	acquired immunity	62
酵母	yeast	25
呼吸	respiration	24
個体	individual	43
骨髄	bone marrow	46, 60
骨組織	bone tissue	14
ゴルジ体	Golgi body	9

さ

細胞	cell	3, 5, 43
細胞外液	extracellular cell	39
細胞骨格	cytoskeleton	10
細胞質基質	cytoplasmic matrix	7, 27
細胞質ゾル	cytosol	27
細胞性免疫	cell-mediated immunity	62
細胞内液	intracellular cell	39
細胞内小器官	cell organelle	7
細胞膜	cell membrane	5
作動遺伝子	operator gene	91
酸化的リン酸化	oxidative phosphorylation	30
自家受精	self-fertilization	69
軸索	axon	15
止血作用	hemostasis	48
始原生殖細胞	primordial germ cell	20
自己複製	self replication	81
支持組織	supporting tissue	13
脂質	lipid	35
自然免疫	natural immunity	60
シトシン	cytosine	82
脂肪肝	fatty liver	38
脂肪細胞	adipocyte, fat cell	31, 38
脂肪酸	fatty acid	31
重層上皮	stratified epithelium	12
樹状突起	dendrite	15
受精	fertilization	20
主要組織適合性複合体	major histocompatibility	67
純系	pure line	69
消化	digestion	34
小膠細胞	microglia	15
脂溶性ホルモン	fat-soluble hormone	56
常染色体	autosome	75
上皮組織	epithelial tissue	11
小胞体	endoplasmic reticulum	9
食物アナフィラキシー	food anaphylaxis	64
食物アレルギー	food allergy	66
食物アレルゲン	food allergen	66
自律神経系	autonomic nervous system	54
神経系	nerve system	53
神経膠細胞	glia	15
神経組織	nervous tissue	15
新陳代謝	metabolism	3
水素結合	hydrogen bond	83

水溶性ホルモン	water‐soluble hormone	56		DNA	deoxyribonucleic acid	34
ステロイドホルモン	steroid hormone	56		DNAヘリカーゼ	DNA helicase	83
スプライシング	splicing	89		DNAポリメラーゼ	DNA polymerase	83, 89
生気論	vitalism	1		T細胞	T cell	60
精子の形成	formation of sperm	20		TCAサイクル	tricarboxylic acid cycle	27
星状膠細胞	astroglia	15		デオキシリボース	deoxyribose	82
正染色質	euchromatin	8		電子伝達系	electron transport system	29
性染色体	sex chromosome	75		転写	transcription	34, 88
生命現象	phenomenon of life	1		点突然変異	point mutation	91
赤緑色覚異常	red‐green blindness	75		デンプン	starch	24
赤血球	erythrocyte	46		伝令RNA	messenger RNA	87
染色質	chromatin	8		同化と異化	anabolism, catabolism	23
染色体	chromosome	8		動原体	kinetochore	17
染色体突然変異	chromosomal mutation	76		糖質	sugar, glucide	24
染色分体	chromatid	19		糖尿病	diabetes mellitus	59
選択的透過性	selective permeability	6		独立の法則	law of separation	71
先天性免疫	congenital immunity	61		突然変異	mutation	76
セントラルドグマ	central dogma	88		トリアシルグリセロール		
臓器移植	transplantation	67			triacylglycerol	37
相同染色体	homologous	19		トリプレット	triplet	88
相補的対合	complementary pairing	82		貪食作用	phagocytosis	62
組織	tissue	5, 43			な	
粗面小胞体	rough ER	9		内分泌攪乱化学物質	endocrine disrupting chemicals	56
	た			内分泌腺	endocrine gland	13
体液	body fluid	39		ナチュラルキラー細胞	natural killer cell	61
体液性免疫	humoral immunity	62		軟骨組織	cartilage tissue	14
体細胞分裂	mitosis	17		二価染色体	bivalent chromosome	19
代謝水	metabolic water	40		二次止血	secondary hemostasis	48
対立形質	allelomorph	69		二倍体	diploid	87
ダウン症候群	Down syndrome	77		乳酸	lactic acid	25
他家受精	cross‐fertilization	69		乳酸菌	lactic acid bacterium	25
脱水症	dehydration	40		ニューロン	neuron	15
多能性幹細胞	pluripotent stem cell	46		ヌクレイン	nuclein	79
男性ホルモン	androgen	58		ヌクレオチド	nucleotide	82
単層上皮	simple epithelium	12		乗換え	crossing over	74
タンパク質	protein	34			は	
チミン	thymine	82		配偶子	gamete	20
中間径繊維	intermediate filament	11		白色脂肪細胞	white fat cell	38
中心子	centriole	10		白鳥の首フラスコ	Swan flask	2
中心体	central body	10		バクテリオファージ	bacteriophage	80
中枢神経系	central nervous system	54		ハーシーとチェイスの実験		
チューブリン	tubulin	11			Hershey‐Chase experiment	80
調節遺伝子	regulatory gene	91		白血球	leukocyte	47
tRNA	transfer RNA	87				

発酵	fermentation	25
バリン	valine	91
伴性遺伝	sex-linked inheritance	75
半保存的複製	semiconservative replication	83
半保存的複製モデル	semiconservative replication model	82
B細胞	B cell	60
微小管	microtubule	11
ヒストン	histone	82
脾臓	spleen	46
必須アミノ酸	essential amino acid	34
必須脂肪酸	essential fatty acid	36
ヒトゲノム	human genome	34
ヒトゲノムプロジェクト	human genome project	92
ヒト白血球抗原	human leukocyte antigen	67
ビードルとテータムの実験	Beadle-Tatum experiment	86
肥満	obesity	37, 38
肥満細胞	mast cell	13, 66
肥満の判定	assessment of obesity	37
HeLa細胞	HeLa cell	3
貧血	anemia	47
不可避尿	obligatory urine	40
不感蒸泄	insensible perspiration	40
不完全優性	incomplete dominance	72
不完全連鎖	incomplete linkage	74
副交感神経系	parasympathetic nervous system	54
複製	replication	85
複対立遺伝子	multiple alleles	72
プリオン	prion	36
プロトンチャンネル	proton channel	29
プロモーター	promoter	92
分離の法則	law of separation	70
β酸化	β-oxidation	31, 32
β酸化系	β-oxidation system	31
ヘテロクロマチン	heterochromatin	8
ヘテロ接合体	heterozygote	75
ヘモグロビン	hemoglobin	47
ペルオキシソーム	peroxisome	10
ヘルパーT細胞	helper T cell	62
変異	variation	76
編集	splicing	89
補体	complement	62
ホメオスタシス	homeostasis	53
ホモ接合体	homo	75
ホルモン	hormone	56
翻訳	translation	34, 88

ま

膜消化	membrane digestion	25
マクロファージ	macrophage	13, 61
末梢神経系	peripheral nervous system	54
マトリックス	matrix	8
ミクログリア	microglia	15
水	water	39
水の収支バランス	water balance	40
ミトコンドリア	mitochondria	8, 28
——のマトリックス	mitochondrial matrix	31
無機質	mineral	33
娘細胞	daughter cell	19
メセルソンとスタールの実験	Meselson-Stahl experiment	85
免疫	immunity	60
メンデルの法則	Mendel's law	69
門脈	portal vein	24

や・ら・わ

ヤコブ病	CJD Creutzfeldt-Jacob disease	36
有機化合物	organic compound	33
優性形質	dominant character	69
優性の法則	law of dominance	69, 70
ユークロマチン	euchromatin	8
予防接種	vaccination	64
卵の形成	formation of ovum	20
ランビエ絞輪	Ranvier's node	15
リソソーム	lysosome	10
リノール酸	linoleic acid	36
α-リノレン酸	α-linolenic acid	36
リバウンド	rebound	38
リパーゼ	lipase	37
リプレッサー	repressor	91
リボソーム	ribosome	9
リボソームRNA	ribosomal RNA	87
リポタンパク質	lipoprotein	37
流動モザイクモデル	fluid mosaic model	6
リンパ	lymph	14
リンパ球	lymphocyte	13, 60

劣性形質	recessive character	69
連鎖	linkage	73
Y染色体	Y‐chromosome	77

人名索引

アベリー	Oswald Theodore Avery	80	ド・フリース	Hugo Marie de Vries	69
アリストテレス	Aristoteles	1	ハーシー	Alfred D. Hershey	80
ウイルキンス	Maurice H. F. Wilkins	82	パスツール	Louis Pasteur	2
クリック	Francis Crick	82	ビードル	George W. Beadle	86
グリフィス	Fred Griffith	79	ヒポクラテス	Hippocrates	1
コレンス	Carl Erich Correns	69	フィルヒョー	Rudolf Virchow	2
ジャコブ	Francois Jacob	91	プルシナー	Stanley Prushner	36
シャルガフ	Erwin Chargaff	82	マーグリス	Lynn Margulis	8
シュライデン	Matthias Schleiden	1	メセルソン	Matthew Meselson	85
シュワン	Theodor Schwann	1	メンデル	Mendel	69
スタール	Franklin Stahl	85	モノー	Jacques L. Mond	91
チェイス	Martha Chase	80	ヤンセン父子	Hans & Zacharias Jansens	1
チェルマク	Erich von S. Tschermak	69	ワトソン	James Watson	82
テータム	Edward L. Tatum	86			

著者略歴

小野　廣紀
おの　こうき
岐阜市立女子短期大学健康栄養学科教授
農学博士

内藤　通孝
ないとう　みちたか
椙山女学園大学大学院生活科学研究科教授
医学博士

第1版　第1刷　2006年　8月10日
　　　第17刷　2023年　2月10日

検印廃止

JCOPY 〈出版者著作権管理機構委託出版物〉

本書の無断複写は著作権法上での例外を除き禁じられています．複写される場合は，そのつど事前に，出版者著作権管理機構（電話 03-5244-5088, FAX 03-5244-5089, e-mail: info@jcopy.or.jp）の許諾を得てください．

本書のコピー，スキャン，デジタル化などの無断複製は著作権法上での例外を除き禁じられています．本書を代行業者などの第三者に依頼してスキャンやデジタル化することは，たとえ個人や家庭内の利用でも著作権法違反です．

Printed in Japan　© Kouki Ono, Michitaka Naito　2006
乱丁・落丁本は送料小社負担にてお取りかえいたします．　無断転載・複製を禁ず

わかる生物学
知っておきたいヒトのからだの基礎知識

著　　者　小野　廣紀
　　　　　内藤　通孝
発 行 者　曽根　良介
発 行 所　㈱化学同人

〒600-8074　京都市下京区仏光寺通柳馬場西入ル
編集部　TEL 075-352-3711　FAX 075-352-0371
営業部　TEL 075-352-3373　FAX 075-351-8301
　　　　振　替　01010-7-5702
e-mail webmaster@kagakudojin.co.jp
URL https://www.kagakudojin.co.jp
印刷・製本　西濃印刷株式会社

ISBN978-4-7598-1042-4

ガイドライン準拠 エキスパート管理栄養士養成シリーズ

●シリーズ編集委員●

小川　正（京都大学名誉教授）・下田妙子（奈良女子大学）・上田隆史（元 神戸学院大学名誉教授）・大中政治（関西福祉科学大学名誉教授）・辻　悦子（前 神奈川工科大学）・坂井堅太郎（徳島文理大学）

- 「高度な専門的知識および技術をもった資質の高い管理栄養士の養成と育成」に必須の内容をそろえた教科書シリーズ．
- ガイドラインに記載されている，すべての項目を網羅．国家試験対策としても役立つ．
- 各巻B5，2色刷，本体1900〜3200円．

公衆衛生学[第3版]	木村美恵子・徳留信寛・圓藤吟史 編	食品衛生学[第3版]	白石　淳・小林秀光 編
健康・栄養管理学	辻　悦子 編	基礎栄養学[第4版]	坂井堅太郎 編
社会福祉概論	杉本敏夫 編	分子栄養学	金本龍平 編
生化学[第2版]	村松陽治 編	応用栄養学[第3版]	大中政治 編
解剖生理学[第2版]	高野康夫 編	運動生理学[第3版]	山本順一郎 編
微生物学[第3版]	小林秀光・白石　淳 編	臨床栄養学[第3版]（疾病編）	嶋津　孝・下田妙子 編
臨床病態学	伊藤節子 編	臨床栄養学[第3版]（栄養ケアとアセスメント編）	下田妙子 編　Web教材付
食べ物と健康1[第3版]（食品学総論的な内容）	池田清和・柴田克己 編	公衆栄養学	赤羽正之 編
食べ物と健康2（食品学各論的な内容）	田主澄三・小川　正 編	公衆栄養学実習[第3版]	上田伸男 編
食べ物と健康3（食品加工学的な内容）	森　友彦・河村幸雄 編	栄養教育論[第2版]	川田智恵子・村上　淳 編
調理学[第3版]	青木三惠子 編	給食経営管理論	坂口久美子・植田哲雄 編

詳細情報は，化学同人ホームページをご覧ください．https://www.kagakudojin.co.jp

〜好評既刊本〜

管理栄養士国家試験に合格するための カタカナ語辞典

天野信子・山本良一 著
A5・2色刷・256頁・本体2200円
国家試験問題を徹底分析して，よく登場するカタカナ語約500をピックアップ．語の組み立てや語源からカタカナ語が理解できる．

図解 栄養士・管理栄養士をめざす人の 文章術ハンドブック
—ノート、レポート、手紙・メールから、履歴書・エントリーシート、卒論まで

西川真理子 著／A5・2色刷・192頁・本体1800円
見開き1テーマとし，図とイラストをふんだんに使いながらポイントをわかりやすく示す．文章の書き方をひととおり知っておくための必携書．

ケーススタディで学ぶ 臨床栄養学実習

山東勤弥・幣憲一郎・保木昌徳 編
B5・2色刷・232頁・本体2600円
代表的な症例はケーススタディ形式で具体的に解説．実践力をつけた管理栄養士の養成に役立つ．

栄養教育論演習・実習
—ライフステージから臨床まで

下田妙子 編著
B5・2色刷・186頁・本体2300円
管理栄養士が修得しなければならない調査法や科学的考え方を，実習や演習を通して体験できるように構成．